Sweets of Osaka 108

大阪のスイーツ108

関西スイーツ 三坂美代子

はじめに

私がスイーツに係わる仕事をするようになったのは、とある洋菓子店のホームページの仕事がきっかけでした。同僚が取材の約束を忘れ、私がお詫びにうかがってお叱りを受けたことが縁となり、その店のホームページを制作させていただいたのです。そこからお友達、さらには兵庫県洋菓子協会へとお繋ぎいただきました。一介のお菓子好きが、お菓子の世界にどっぷりと漬かって、お菓子について筆を執るようになろうとは、当時は夢にも思いませんでした。

2008年、大阪・天神橋筋商店街にスイーツのクレーンゲームの店が誕生しました。大阪や神戸の有名店のスイーツを、ゲームを楽しみながらゲットできるというものです。企画したゲーム会社から依頼を受けて私も参画させていただきました。当初、有名店の社長さんたちは自店の商品がゲームの景品になることに難色を示し、なかなか受け入れてもらえませんでした。「そこを何とか……」と頼み込み、ほとんどの店が期限付きという条件で、やっとの思いでオープンにこぎつけました。

そして多くのメディアに取り上げられ、連日大勢のお客さんがつめかけて、予想以上の売り上げとなり、期限を延長してくださった店が数多くありました。

その取材が縁で、関西テレビの情報番組「よ～いドン!」(月～金、9時50分～11時15分)の「本日のオススメ3」コーナーに出演することになりました。初回の収録は緊張感を和らげるため、屋外での収録となり、紹介するケーキ屋さん、宝塚にある「みわあおに五月台4丁目」の近くの公園で行われました。秋のスイーツがテーマでしたが、夏休み中だったため、子どもたちの歓声やセミの鳴き声に、何度も収録を中断して、汗だくになった記憶があります。番組には今も定期的に出演していますが、伝えたい思いが先走って、頭の中から言葉が消えそうなのを引き止めつつ、一生懸命にコメントしています。テレビを見た知人からは「声が小さい」「話がゆっくりすぎて寝てしまいそうだ」「髪がはねている」と言われてしまったり……。でも、紹介したお店の方からちょっと興奮気味に、「反響が凄かった」と連絡をいただくことも多く、ほっと胸をなでおろします。

その後、ABC朝日放送主催のスイーツイベント「TEA&SWEETSマルシェ2010」において、実行委員の一人として大阪府洋菓子協会のクリスマスケーキコンテストを誘致しました。大阪のスイーツ界を盛り上げよう！　と、皆さんにご協力いただいたものです。このイベントではホテルプラザの「安井寿一氏回顧展」を発案し、製菓料理長だった彼が残した菓子職人の技術向上のための組織「ヌーベル・パティスリー・デュ・ジャポン」の皆さんの賛同を得ることができました。さらにステージイベントや実演販売、展示など京阪神の和洋菓子店の皆様に多数ご協力をいただきました。

忘れられないのは2011年の夏のこと。大阪府洋菓子協会の理事から突然呼び出され、Tシャツとジーンズにサンダル履きのまま駆けつけると、理事会の真っ最中。すぐさま「今年のクリスマスケーキコンテストの会場、どこかいいところは知らんか？　安くて、ええ

場所、早う考えて」。「えー！　私がですか？」「考えてくれたらビールおごるわ」。それまでのコンテストは一般の見学者が少なく、もっと多くの人に見てもらいたいという意見が出たために急遽呼ばれたのでした。理事会はすぐに閉会となり、食事の席で、以前利用したことのある中之島の中央公会堂を提案。その場で中央公会堂へ連絡して、会場をおさえて、約束どおりビールをご馳走になりました。

ちょうどその頃、理事をさせていただいている「神戸スイーツ学会」の設立準備委員会が発足し、月に1度、関係者が集まって熱い議論を繰り広げていました。神戸大学名誉教授（現：甲南大学特別客員教授）加護野忠男氏を中心に、あらゆる角度から神戸の洋菓子を盛り上げていこうとする「勝手応援団」です。この会で毎回熱弁を振るっていたのが、産経新聞神戸総局長の安東義隆氏（現：大阪本社社会部長）。安東氏とは元兵庫県洋菓子協会会長の故西正興氏が、阪神淡路大震災で壊滅的な被害を受けた神戸の洋菓子製造業と灘の酒造業を何とか復興させようと、定期的に開催していた「甘辛二刀流のんべの会」で隣席となりご挨拶をしたのが初めてで、その後、何かと顔をあわせる機会が重なったというご縁がありました。その安東氏から「お菓子のことやお菓子の職人さんについてエッセイを書いてみたら」と勧められて、産経新聞関西版の夕刊に「スイーツ物語」の連載が始まりました。そこで、これまでお世話になった社長さんや職人さんを紹介していったのです。

あるとき、「大阪出身やったら、もっと大阪のお菓子を紹介してよ」と大阪の洋菓子店の社長さんが言った言葉が胸に残りました。そこで安東氏に相談して、２０１２年の1月から、この本の元になる大阪の和洋菓子を紹介する「大阪甘味図鑑」の連載が始まったのです。２０１３年4月からは「関西甘味図鑑」として範囲を拡大して連載が続いています。

昔から天下の台所と称され、食道楽の町として栄えた大阪。実はお菓子の歴史も古く、多くの銘菓が時代を超えて受け継がれています。同時に新しいお菓子も次々に生み出されているのですが、デパートのお菓子売り場を見ると、地元大阪の店の比率が高いとは言い難いのです。

本書は大阪のお菓子にフォーカスし、お菓子が誕生した背景や職人さんたちの努力、熱い思いも含めて紹介しています。10年経っても型落ちしない定番のスイーツ、作り手の心がこもった大阪のお菓子を、読んで楽しみ、食べてその美味しさを味わってほしい。大阪スイーツの真髄の一端をお伝えできればと思っています。

関西スイーツ　代表　三坂 美代子

大阪のスイーツ108 もくじ

大阪のスイーツ 伝統と挑戦

大阪の職人技と心意気が光るスイーツ

大阪のサロン・ド・テで過ごすティータイム

掲載されている情報は2013年8月現在のものです。営業時間・定休日・料金等は予告なく変更になる場合があります。
※年末年始・夏期休暇・臨時休業・取り寄せ方法などの詳細は各店舗へお問い合わせください。
また、スイーツの写真は取材時のものであり、季節や状況によって内容やデコレーションが変わることがあります。あらかじめご了承ください。

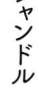

大阪市街地図

淀川
阪急電鉄
中津
JR京都線
新御堂筋
中崎町
天神橋筋六丁目
都島
パティスリーリスボンP52
P76ムッシュマキノ 青の記憶
P59きになる木リッチフィールド
P124
パティスリー ラヴィルリエ
ジャンルプランP73
野江内代
野江
新梅田シティ
グランフロント大阪
阪急梅田
梅田
大阪
阪急百貨店
天満
扇町
桜ノ宮
大阪環状線
京阪本線
蒲生四丁目
阪神百貨店
阪神梅田
東梅田
西梅田
夢操庵P95
帝国ホテル 大阪P28
ザ パークP113
JR神戸線
阪神高速池田線
谷町線
南森町
長堀鶴見緑地線
海老江
野田阪神
野田
福島
福島
北新地
JR東西線
大阪天満宮
京橋
京橋
学研都市線
寝屋川
阪神本線
新福島
ANAクラウンプラザホテル大阪P41
P125出入橋きんつば屋
渡辺橋
大阪城北詰
鴫野
大江橋
市役所
なにわ橋
P34ジョエル
大阪ビジネスパーク
淀屋橋
京阪中之島線
大川
中之島
肥後橋
北浜
天満橋
大阪城ホール
ホテルニューオータニ大阪
P62
野田
玉川
P126鶴屋八幡
五感P18
菊寿堂義信
P127
acidracinesP125
P126高岡福信
府庁
大阪城
大阪城公園
今里筋線
P50
パティスリー・ミタデン
P123
レ・グーテ
TIKAL by Cacao en MasseP123
パティスリー ラ・プラージュP122
P54リーガロイヤルホテルグルメブティックメリッサ
靭公園
P96高砂堂
千鳥屋宗家P90
本町通
谷町筋
大阪城公園
サロン・ド・テ・ベルナルド
P112
本町
本町
中央線
堺筋本町
谷町四丁目
森ノ宮
阿波座
中央大通
パティシエ コーイチ 久太郎店P121
緑橋
阪神高速東大阪線
森ノ宮
千日前線
あみだ池筋
なにわ筋
四つ橋線
御堂筋
御堂筋線
堺筋
堺筋線
P118
谷町スイーツ倶楽部K&R
阪神高速大阪港線
松屋町
BROADHURST'S
P122
西大橋
長堀鶴見緑地線
谷町六丁目
玉造
九条
西長堀
P70ル・ピノー
四ツ橋
心斎橋
長堀橋
長堀通
エクチュアP68
サロン・ド・テ・コーイチ 真田山店
P111
阪神なんば線
P124
パティスリールシェルシェ
大丸
長崎堂P84
玉造
玉造筋
ドーム前
ドーム前千代崎
太郎本舗P100
京セラドーム大阪
P110
サロン・ド・テ・アルション
福壽堂秀信 宗右衛門町店P92
桜川
道頓堀川
大阪難波
日本橋
千日前通
谷町九丁目
大阪上本町
鶴橋
千日前線
今里
汐見橋
桜川
JR難波
なんば
近鉄日本橋
りくろーおじさんの店なんば本店P119
鶴橋
近鉄大阪線
大正
タカシマヤ
P53マルクト スイーツデザインマーケット
南海難波
上町筋
シェラトン都ホテル大阪 カフェベルP10
なかたに亭P66
今里
P78あみだ池大黒pon pon Ja pon
阪神高速環状線
松屋町筋
谷町線
P104文楽せんべい本舗
芦原橋
木津川
P36
ケーク・ド・コーキ
P48ケンテル
四天王寺前夕陽ケ丘
桃谷
芦原橋
浪芳庵
P127
P22本松葉屋
もも の木P119
阪神高速西大阪線
木津川
大国町
恵美須町
四天王寺
今宮
南海本線
阪神高速堺線
大阪環状線
通天閣
新今宮
天王寺公園
動物園前
御堂筋線
天王寺
寺田町
津守
あべのハルカス
大阪阿部野橋
天王寺都ホテルP42
花園町
阿倍野
近鉄南大阪線
大和路線
堺筋線
河堀口
南海高野線
四つ橋線
東部市場前
N
西天下茶屋
豊下製菓P107
天下茶屋
美章園
ケーキハウス アルモンド昭和町駅前店
P117
文の里
阪和線
岸里
0
1000m
昭和町
北田辺

大阪府下地図

京都府
兵庫県
大阪府
奈良県
大阪湾
P132パティシエ コウタロウ
P60
お菓子のアトリエなかにし
P56パティスリーヤマキ
P106
箕面雅寮
シェ・ナカツカP72
デリチュースP137
P140ママンのおやつ HiTo
プチプランスP71
P40ラ・キャリエールプイプイ
キャリエールヒデトウP135
P134patisserie Carillon
メランジュビス
P114
P131パティスリー ナツロウ
P130メランジュ
P129パティスリー・シロ・デラブル
P80菓匠 香月
アミエルP74
P139
お菓子工房
新
お菓子の工房 サントノーレーP131
P65洋菓子工房ボストン
P30パティスリーフリアン
PATISSERIE
Uguis-ya
P140
パティスリー パレット
P136
P130らふれーず
菓匠あさだ
上新庄店
P116
シプレP44
P58ハンブルグ
パティスリーブルボンP132
パティスリー ビスキュイ・ルレP133
手作りケーキ工房ガロP117
P116ヴェール
パティスリー アルモンド 本店P118
レジェールP32
P139創作菓子SinSin 真心
P46 アミ・デ・クール
シェ・アオタニ 石切本店
P133
播彦P102
ルジャンドルP138
アン・スタージュ サタケP134
P121フォルマ 帝塚山
P120ポアール 帝塚山本店
パティスリー・ガレットP120
モン・ナポレオンP136
P98住吉菓庵 喜久寿
パティシエ オカダP135
P108
大阪糖菓
P129天神餅
P88本家小嶋
ブランシェ タカギP137
P14 御菓子司 丸市菓子舗
ヴィベールP64
P86かん袋
パティスリーバロン
P138
フランシーズP128
マリ・エ・ファム P128
菓子工房 T.YOKOGAWA P38
P82むか新
青木松風庵P94
洋菓子/生菓子
洋菓子/焼菓子
洋菓子/和テイスト、チョコレート、季節
和菓子
和菓子/洋風テイスト
サロン・ド・テ
大阪市
箕面市
池田市
豊中市
吹田市
高槻市
茨木市
枚方市
八幡市
摂津市
寝屋川市
交野市
守口市
門真市
四條畷市
大東市
東大阪市
八尾市
柏原市
松原市
羽曳野市
藤井寺市
堺市
高石市
泉大津市
忠岡町
和泉市
岸和田市
貝塚市
泉佐野市
田尻町
泉南市
中国自動車道
近畿自動車道
阪和自動車道
第二京阪道路
西名阪自動車道
淀川
大和川
関西国際空港
0
5km
N
右図

お菓子が好きな人とお菓子屋さんをつなぐサイト

関西スイーツ

関西スイーツはお菓子が好きな人とお菓子屋さんをつなぐ、スイーツ専門のポータルサイトです。職人さんのお菓子への熱い思いをお菓子が好きな人に伝え、そしてお菓子が好きな人の率直な感想を職人さんに伝える、双方向の情報交換サイトを目指しています。

関西のスイーツニュースを配信

スイーツイベント、スイーツコンテスト、デパ地下情報など…関西のみならず、世界の、日本の、最新トレンドスイーツ情報を配信しています。

お菓子屋さんを探す、お仕事を探す

お菓子屋さんを探したり、お菓子屋さんの求人情報が閲覧できます。職人さんの求人から、アルバイトまで。大好きなお菓子屋さんで働きたい･･･そんな夢を叶えます。

美味しい～♪スイーツ試食会

毎回テーマを設定しての試食会。繊細な味を評価するため、真剣勝負で望みます。有名ブランドの商品開発や、新店舗のマーケティングの一翼を担うイベントです。

開催例
左：マルクトオープニングイベント（高島屋大阪店）
右：ムッシュマキノ新作コンペ（千里阪急）

お菓子屋さんに学ぶスイーツ講習会

プロの技を目の前で見て、出来たてのスイーツを一緒に頂く楽しい講習会。普段、目にすることのないパティシエさんの一挙一動を甘～い香りに包まれながら賞味鑑賞。

スイーツ大好き♡別パラ隊

「関西スイーツ」が発行するスイーツニュース！これを受け取ることができるのは"別パラ隊"の隊員のみ。試食会や講習会への優先募集枠もあります。入会無料。

その他、マーケット調査や、関西スイーツ厳選オンラインショップなど、スイーツコンテンツが盛りだくさん♪スイーツ好きの皆さんが集まるサイトへ、どうぞお越しくださいませ！

http://www.kansaisweets.com/

大阪のスイーツ
伝統と挑戦

イチジクのケーキ 280円

シェラトン都ホテル大阪 カフェベル／イチジクのケーキ

「切り落とし」に命を吹き込む

シェラトン都ホテル大阪のベーカー部門顧問・小川徹朗さんは、「黄綬褒章」の受章や「現代の名工」に輝くなど、数々の名誉を手中に収めた洋菓子界の重鎮である。

ホテルの中にあるカフェ&グルメショップ「カフェベル」は、その小川さんの生み出す珠玉のスイーツがイートインやテイクアウトで手軽に楽しめる店だ。しかもドリンクはセルフサービスと、そのホテルらしからぬ思い切った発想は、大阪らしいサービス精神の現われでもある。上質なスイーツとドリンクを正味の価格で味わえる、スイーツ好きにはたまらないオアシスのような場所である。

ショーケースの中で異彩を放つのが『イチジクのケーキ』。外側は緑色で見かけは本物のイチジクそっくり。明るい色彩がひときわ目立ち、手頃な値段も手伝って人気を集めている。

スポンジ生地は、きれいな装飾が施され、デコレーションケーキなどになって

最後の最後まで
食材を使い切る
職人の心を次世代に伝える。

顧問
小川徹朗さん

ハレの舞台へと送り出されるが、使われるのは中央部分だけで、どうしても端材ができる。いわゆる「切り落とし」である。廃棄されることが多いこの部分をまったく別のお菓子へと蘇らせ、これもまたハレの舞台へと送り出すのが、この『イチジクのケーキ』だ。こうした再利用の手法を使ったケーキはフランスではよくある。

　生地の切り落としにラズベリージャムと、リキュールとシロップで戻した乾燥イチジクを混ぜ合わせて成型し、チョコレートでコーティングした『イチジクのケーキ』。

　イチジクの型があるわけではなく、指先の感覚だけであっと言う間に成型される。まるで繊維の流れがあるかのような表面の筋や、熟した果実のふくよかな張りを連想させる下膨れのフォルム。そして先端は手で捥《も》いだかのようにさえ見えるナチュラルさだ。

　菓子職人の技術向上のために組織された「ヌーベル・パティスリー・デュ・ジャポン」の代表を長年務めた小川さんは、全国の職人を指導する立場にあり、「丹精込めて作ったお菓子の生地は、余すことなく大切に使うべきだ」と語る。飽食の現代、若い職人が安易に材料の残りや焼き上がった生地の切れ端を捨てているのを見て残念に思い、このお菓子を通じて、お菓子への愛情や、食材を最後の最後まで使い切る、料理人が言うところの「始末」の心を伝えようとしているのだ。

　その味はまるで洋風のきんつばのようだ。しっとりと密度の高い歯応えもそっくりで、プチプチとしたイチジクの粒々感がアクセントになっている。洋酒の香りと、チョコレートとバターのコク。その奥に、かすかな酸味と氷砂糖のようなこっくりしたフルーツ由来の甘味を感じる。

　イチジク独特のくせのある青っぽい香り。凝縮された個々の構成要素が一つずつひもとかれていくのが、口の中で楽しめる。この階層的な美味しさと複雑さはワインの味にも通じるものがある。

　青イチジクのとろけるような肉質を連想させるなめらかなチョコレートの舌触りや口溶けは、まるで騙し絵のような遊び心に満ちている。食後のデザートに赤ワインやブランデーなどと一緒に召し上がってほしい、大人も楽しめるスイーツだ。

シェラトン都ホテル大阪 カフェベル
住所…大阪市天王寺区上本町6-1-55
最寄駅…近鉄大阪上本町駅13番出口
電話…06-6773-5582（直通）
営業…8:00～20:00
＊イートイン有り（46席）
休日…無し
駐車場…有り（900台）
URL: http://www.miyakohotels.ne.jp/osaka/restaurant/list/cafebell/index.html/

ホテルプラザと小川徹朗氏

大阪が、いや日本中が経済成長の波にのっていた1970（昭和45）年、大阪万国博覧会。世界中から来る観光客のため、大阪に一流ホテルが開業した。

1969（昭和44）年開業のホテルプラザに東京プリンスホテルから製菓料理長として招かれた安井寿一氏（故人）。「味のプラザ」と称されたこのホテルの製菓部門は彼の手によって構築された。

ホテルプラザといえばチーズケーキを思い浮かべる。まだどこにもチーズケーキがなかった時代、独自のレシピにより、ふわりと軽い食感のケーキを開発した。これが評判となり、名実ともに当時の大阪で最高のお菓子であった。

彼が手がけたのはお菓子の開発だけではない。すぐれた技術者を育成するための組織「ヌーベル・パティスリー・デュ・ジャポン」を設立し、惜しげもなくレシピを公開した。大阪のスイーツの中心的存在として30年近く貢献したが、時代の波にのまれ、ホテルプラザは惜しまれつつ1999（平成11）年に閉館した。しかし、彼の菓子は残った。その愛弟子たちが高い技術とホテルプラザのレシピを持って各地へ散らばり、大阪スイーツのレベルを一気に押し上げたのだ！　本書で紹介するメランジュ（P130）では当時と同じレシピのチーズケーキが売られているし、五感（P18）、ジョエル（P34）などもその流れをくむ。

シェラトン都ホテル大阪のベーカー部門顧問小川徹朗氏は「ホテルプラザには自分のやりたいことの全てがありました。偉大なプロデューサー安井氏とその部下で、後に製菓長に就任する阿部忠二氏との出会いが今の私の原点です。さらにその下には個性豊かな先輩後輩がおり、私の職人魂を大いに刺激し、育ててくれました。この時期にホテルプラザで仕事ができた巡り合わせに、感謝しています」と語る。

大阪万博会場のイタリア館で働いていた小川氏は、本場イタリアの食材に触れ、デザートの美味しさに驚嘆する。当時、名実ともにホテルスイーツの最高峰だったホテルプラザで働きたいと願ったが、入社が許されたのは3年間の東京修業のあとだった。全国から「働きたい」と、菓子職人が集まる憧れの職場だったのだ。

ところが、3年でホテルプラザを辞めた。「あの偉大な大先輩、2人を越えることは不可能。それなら新境地を切り開こう！」と、まだ今ほど気軽ではなかった海外へ修業に出たのだ。

シェラトン都ホテル大阪の製菓料理長として大阪のスイーツ業界を牽引してきた小川氏。「常に挑戦し続ける安井氏の姿勢は今も胸に刻まれています」と、お菓子作りに情熱をかけた師の遺志を継ぎ、自らの努力のみならず、若手の技術者への講習会を開催するなど、積極的に後進の指導にあたっている。「それぞれの世代のパティシエが時代に合ったお菓子を作り、どんな変化球にでも対応できるように」と基礎知識を習得せよ、材料を無駄にするなと伝えているのだろう。その熱いメッセージが、大阪の菓子職人を通じて、私たちの心に強く響いてくる。

TEA & SWEETS マルシェ2010で一堂に会したホテルプラザ出身のパティシエたち（小川氏・左から3人目）

斗々屋茶碗 1,680円（大）

直径16センチ　圧倒的な存在感

御菓子司　丸市菓子舗／斗々屋茶碗《ととやちゃわん》

使い込まれた『斗々屋茶碗』用の木型

茶道の開祖と称される千利休は1522（大永2）年、堺の魚問屋「斗々屋」に生まれ、この地で茶の湯を学び、わび茶を大成させた。堺では今でも、茶の文化が生活に根ざして継承されている。

そして、お茶席に欠かすことができないお茶菓子も、古くから数多く作られており、そのうちのいくつかは、当時のままの姿で現存する。堺の老舗、丸市菓子舗の『斗々屋茶碗』もその一つだ。元々は回船問屋を営んでいたという家柄。初代の店主は、いわゆる「旦那衆」で、茶をたしなみ、書画骨董収集を趣味としていた。あるとき、千利休が愛用したと伝えられる「斗々屋茶碗」を手に入れた。これを菓子に仕立てて茶の席に出せば、粋なもてなしになると考えたのだ。

世界に一つしかない本物の「斗々屋茶碗」から型を作り、それを伏せた形の饅頭に仕上げた。直径16センチの圧倒的な存在感は、当時の人はもちろん、多様な

右下から時計回りに、七夕、めさまし、涼風、星の光、水ぼたん（中央）各263円

茶の文化が根付く堺の町。暮らしの中に和菓子が溶け込んでいる。

お菓子に慣れている現代人でさえ度肝を抜かれる。

昨今はオリジナル商品について、商標や特許などをめぐって争われるケースが少なくないが、今も本物を所有する同店に限ってはその心配が不要かもしれない。

「材料は基本的には通常の焼き饅頭と変わりませんが、焼き方に秘密があります。皮の香りや、生地に包まれた餡《あん》の風味を保ちつつ、いかに上品な口当たりに焼き上げるかがポイントです」と語る5代目店主の野間耕三さん。

中心部分の粒餡は、*丹波大納言を2日間かけて、粒がつぶれないよう丁寧に手作業で炊く。その外側にある柚子餡は、香りの良い旬の時季に柚子の皮をおろし、砂糖と合わせてジャム状にして数カ月間寝かせる。そして白餡を炊いた仕上げの段階で、よくなじんだジャム状の柚子を加える。すがすがしい柚子の香りが、大納言をより風味豊かに、すっきりとした甘さに仕上げる。

幼少の頃から父の作る菓子が大好きで、自然にこの道に入った野間さん。他店で修業をすればハクが付くが、少しでも早く、代々受け継がれてきた味と技を自分の手と舌に刻み込もうと、実家で父やその弟子に学んだ。それから和菓子一筋に

店主　野間耕三さん

地元堺の特産品を模した『包丁ぼうろ』。出刃包丁と菜切包丁の形がある。525円

取り組み、44歳の若さで「なにわの名工」（大阪府優秀技能者表彰）を受賞し、努力が実を結んだ形となった。その後、大阪府生菓子協同組合の常務理事を務めるなど業界の発展にも一役買っている。

ショーケースに常時5～6種類用意されている生菓子は、季節の移ろいに合わせ、10日で約3種類の割合で入れ替わる。1年で２００種類もある勘定だ。さらに、お正月やお茶席用の別注を合わせると２５０～２６０種類に及ぶ。

「市内に4カ所ある茶室では、毎週どこかでお茶会が催されるので、その時節にピッタリ合うお菓子を届けます」と、野間さん。

それでもテレビドラマの影響で観光客が押し寄せ、盛大なお茶会が開かれた１９７８年頃から比べると、堺の和菓子店は半数に減少した。こうした現状を危惧し、少しでも和菓子の魅力を伝えたいと、地元のＰＴＡが開催する小中学生のお茶とお菓子の教室にも協力を惜しまない。子どもたちにも本物に触れてほしいと願う野間さんの思いは、「斗々屋茶碗」を大切に受け継いできた丸市菓子舗にはぐくまれたＤＮＡゆえかもしれない。

御菓子司 丸市菓子舗
住所…堺市堺区市之町東1丁2-26
最寄駅…南海本線堺駅東口、阪堺電気軌道阪堺線大小路電停
電話…072-233-0101
営業時間…9:00～18:00
＊イートイン無し
休日…無し
駐車場…無し

お米のカステラ
五感まんま
新潟県胎内産/九州産の米粉を
ブレンドすることで、しっとり
もっちりとした食感に焼き上がりました。
お米を使った日本の伝統的な
調味料でもあるお味噌を隠し味に使い
どこかなつかしい素朴な味わいの
バターカステラに仕立てました。
SAMOURAI GOKAN
新潟県胎内産／九州産米粉使用

お米のカステラ五感まんま 1,050円

五感／お米のカステラ五感まんま

お米が変える日本の洋菓子

大阪・北浜に本館を構える「五感」は、米にこだわり続ける洋菓子店だ。浅田美明社長は幼少の頃、両親から「お米を大事にしろ、食べ物を粗末にするな」と教えられて育った。食料自給率が40％を割り込み、農家数も激減する日本の農業の衰退ぶりは否定できない。これを何とか食い止めようと、国産の農産物を生かした菓子作りを目指し、２００３（平成15）年に「五感」を立ち上げた。

通常、ロールケーキの生地には小麦粉が使われるが、五感では米粉を使う。しかし小麦粉に比べると風味の劣化が早く、生地のしっとり感も長時間持続しないため、米粉素材の菓子は賞味期限を短くせざるを得ない。

ところが浅田さんは、「賞味期限が短かければ、出来上がってからあまり日数が経っていない一番美味しい状態でお客さんに食べてもらえる」とポジティブに捉えた。これが市場に受け入れられ、「お米

上方の粋を極め 和魂を洋才に 吹き込む。

サロンメニューで人気の五感のデザート・フレンチトースト『季節のフルーツとバニラアイス』893円

社長室長　浅田雄太さん

の五感」と言われるようになった。

『お米のカステラ五感まんま』は、浅田さんが長年温めてきたカステラへの思いを具現化させたものだ。「技術革新のおかげで米粉の賞味期限は延びたが、日本中どこにでもあるカステラをいかに五感らしくするかが問題。米粉で生地は作れても、その先になかなか進めなかった」と振り返る。

ところが、三角のおにぎり形のパッケージに出合うや否や、インスピレーションが次々と湧き、「米」「ごはん」「おにぎり」「お母さん」「まんま」と複数のキーワードがパズルのピースを組み合わせるようにピタリとはまり、一気に商品が完成した。

カステラを引き立てるのは、風味付けに使われている米麹の味噌。さらに、池田の地酒「呉春」で香りを添えた。*和三盆のソフトな甘さも加わってまろやかな余韻が残る。ふんわり焼き上がった生地から、ごはんの香りがバターの香りを包み込むように湧き上がり、口にすると、ごはんの粘りが心地よく残る。

浅田さんは「大阪らしいユーモアが優先されがちな名物が多い中で、品のいい面白さを保ちつつ、食い道楽の街・大阪の名に恥じない、味にこだわった洋菓子店があることを全国に知ってほしい」と願う。

五感北浜本館がある新井ビルは1922(大正11)年に建てられたもので皇居・二

重橋や奈良ホテルなどを手がけた有名な建築家・河合浩蔵氏の設計による。重厚な外観と左右対称の古典的なデザインは、大正建築のモダニズムの象徴とも言われ、登録有形文化財に指定されている。

　扉を開くと、吹き抜けの大きな空間が広がる。かつて銀行の営業室として使われていた1階は販売スペースと、それを見渡せるように作られたオープンキッチン。吹き抜けを囲む回廊を介して並ぶ2階の各部屋は、出来立てのスイーツをゆったりと楽しめるサロンになっている。

「建築物の品格は、人間の人格の如く、その外観よりもむしろ内容にある」とは、大正時代に日本で数々の名建築を残したヴォーリズの言葉だ。オフィス街の北浜にあって、往時そのままの堂々とした佇まいをなしている新井ビル。この建物に恥じないようにと、最上級のスイーツを目指すことが北浜五感の品格なのだろう。

シェフパティシエ　小柴学さん

重厚な近代建築にモダニズム文化の息吹を感じる。

五感
住所…大阪市中央区今橋2-1-1 新井ビル
最寄駅…地下鉄・京阪本線北浜駅2番出口
電話…06-4706-5160
営業時間…9:30～20:00（サロン19:30LO）
日祝9:30～19:00（サロン18:30LO）
＊イートイン有り（60席）
休日…1月1日～3日
駐車場…無し
URL: http://www.patisserie-gokan.co.jp/

ひなまつり 2,625円（5個）

本松葉屋／ひなまつり

四季の国ならではの繊細な美意識

季節を先取りして風情を楽しむ生菓子、その精緻な技による表現力は、時代を超えて私たちを魅了する。花鳥風月、四季折々の風物をお菓子で自在に作り出すのは、大阪・四天王寺の老舗「本松葉屋」会長の西尾智司さん。「遊び心があって初めてお菓子といえる」と一心にこの道を極め、農水省の「食の人間国宝」、厚生労働省より「現代の名工」を受賞するなど、今や大阪和菓子界の至宝だ。

本松葉屋は１９２７（昭和２）年、四天王寺東門筋で創業した。谷崎潤一郎の小説「細雪」の舞台になったことでも知られる当時の四天王寺界隈は、船場などの大きな商家の本宅が点在した。その口

刻々と移りゆく餡の鮮度と味わいの変化が生菓子の醍醐味。

右下から時計回りに、朝の花、水鳥、魚籠《びく》、夏みかん、くず餅（中央）各284円

会長　西尾智司さん

の肥えた旦那衆が贔屓にする店として支持され、今もなお知る人ぞ知る名店だ。

広々とした店内に所狭しと並ぶのは、生菓子や餅菓子、水菓子、贈答用の焼き菓子、そして洋風のロールケーキまで、数十種類にも及ぶ。お菓子に用いられる餡は高価な岡山産の備中小豆を自家製餡したもの。「味の違いがわかるお客さんあってこそ」と、西尾さん。ご近所さんはもちろん、遠方からわざわざ来るお客さんも多く、人が途絶えることがない。

江戸時代に定められた「人日の節句」「上巳の節句」「端午の節句」「七夕の節句」「重陽の節句」の五節句の中でも、「上巳の節句」は別名「桃の節句＝ひなまつり」とも言われ、女の子の健康と厄除けを願う行事として受け継がれている。これにちなんだ生菓子を紹介したい。

『ひなまつり』の男雛《おびな》はこし餡、女雛《めびな》は黄身餡が、それぞれ「こなし」と呼ばれる生地に包まれている。こなしとは、こし餡に薄力粉を加えて蒸し、砂糖をもみこんだもの。

対の雛がまとう着物は、雪平餅《せっぺいもち》に羊羹《ようかん》を流し、見た目にやわらかい風合いを出している。最小限の甘味を保った上で旨味を凝縮したなめらかなこし餡とこなし、さらにふわっとした衣の雪平餅と羊羹が口の中に溶けていく。

菱餅《ひしもち》は、やわらかさが数日間保持できるように外郎《ういろう》が素材。上用饅頭《じょうようまんじゅう》でこしらえた桃の実「西王母《せいおうぼ》」と、外郎の中に粒

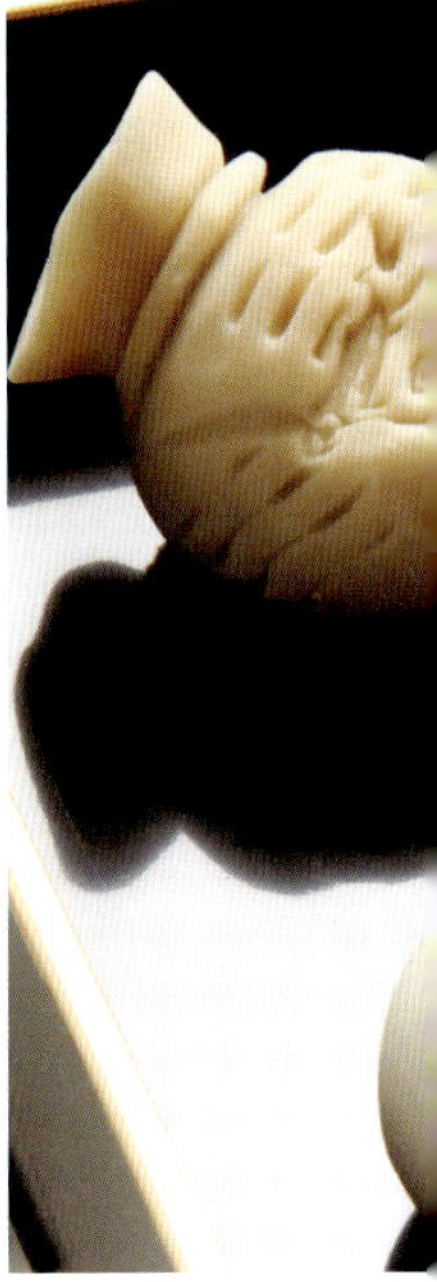

餡を包んだ橘の実が添えられ、盆の上で桃の節句を祝っている。

それぞれの縁起をたどると、西王母は中国の仙女で、西王母ゆかりの桃は不老不死の象徴とされ、橘は「ときじくの非時かぐのこのみ香菓」と日本書紀に記される霊薬であり、多産繁栄の象徴とされているのだ。

すべての味のポイントは餡。「生菓子の醍醐味は刻々と移りゆく餡の鮮度と味わいの変化を楽しむ心です」と西尾さん。それはまさに、茶道に通じる美意識だ。

毎月26日に定例研究会を開く技術者組織「二六会」。西尾さんは和菓子文化の発展と若手技術者の育成のため、この会を率いている。「発想を柔軟にもち、常に新しいものを提案することが重要」と日頃から若い職人に語っている。

修業時代から「どんなに辛くてもお菓子を作ることだけが楽しかった」と、今も新しいお菓子の構想を練るのに余念がない西尾さん。その手から生まれるお菓子はまさに無から有を生むマジックだ。

本松葉屋は長い歴史を誇りながらも、今も一瞬たりとも目が離せない、先鋭的な和菓子店だ。

くらだし 137円　伊丹の酒蔵にちなんで名付けられた。カステラ生地に備中大納言がたっぷり入っている。

老松 1,155円（缶入）　卵黄だけの生地を松葉型に。85年間作り続けている一番古い手作りのお菓子。

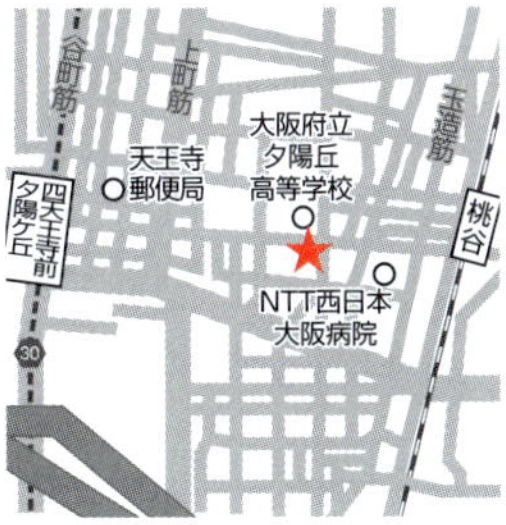

本松葉屋
住所…大阪市天王寺区真法院町1-14
最寄駅…JR環状線桃谷駅、地下鉄谷町線
四天王寺前夕陽ケ丘駅1番出口
電話…06-6771-0304
営業…9:00〜19:00（祝17:00）
＊イートイン無し
休日…日曜
駐車場…無し
URL：http://www.hon-matsubaya.co.jp/

用語解説

ページ	ワード	解説
16・127	丹波大納言	丹波産の大納言小豆。煮てもなかなか腹切れしない。殿中で抜刀しても、切腹させられることのなかった大納言職にかけて名付けられた。
20・76・95・108・119	和三盆	四国東部で生産される淡黄色の砂糖。口溶けが良く、風味が豊かでまろやかな甘味が特徴。
38・62・116	コンフィチュール	ジャム。果実全体、果肉、果汁を砂糖で煮詰めたもの。
44	クラム	パンやビスケットなどのかけら、またそれらを粉末にしたもの。
52	ブルボンバニラ	マダガスカルのレユニオン島(旧ブルボン島)産の最高級バニラ。
53・132	アーモンドプードル	薄皮をとったアーモンドを粉末状にしたもの。
54	ガレット・ナンテ	フランスのロワール地方ナントの丸くて平たい形の小さなサブレ。
58	アイシング	粉糖に卵白と水を混ぜ、お菓子の表面にかけるもの。フォンダンを菓子に塗ること。
60・135	ピューレ	果物や野菜を生のまま、あるいは煮てから裏ごしたり、ミキサーなどにかけて濃度のある状態にしたもの。
60	フィリング	タルトやパイなどに詰める中身、詰め物。クリーム類、ジャム、カスタード、果物など。
62・123・125・137	ガナッシュ	チョコレートに生クリームを混ぜ合わせたチョコレートクリーム。バターや牛乳、洋酒などを加えることもある。
66	晩柑	ザボンの一種。果汁が多く、和製グレープフルーツと呼ばれている。
66	カカオバター	主にカカオリカーから圧搾して製造されるカカオ豆の脂肪分。
82・125	フォンダン	砂糖、水、水あめを煮詰めて白いペースト状にしたもの。糖衣などに用いる。
112	キルシュ	野生のサクランボを発酵させて作る蒸留酒。
120	グラシエ	アイス専門の職人。
120	ソルベ	氷菓、シャーベット。果物の裏ごしや、果汁、リキュールなどにシロップを混ぜて凍結させたもの。泡立てた卵白をくわえることもある。
121・122・125	ビスキュイ	卵白と卵黄を別々に泡立てる「別立法」で作るスポンジケーキ。
123	オランジュ	フランス語でオレンジのこと。
124	プラリネ	ヘーゼルナッツやアーモンドなどのナッツを焙煎し、加熱した砂糖を和えてカラメリゼしたもの。
125	グラサージュ	菓子の表面にチョコレートやソースなどでコーティングすること。
131	カトル・カール	粉・砂糖・バター・卵を同量(4分の1ずつ)使用して焼き上げるシンプルなケーキ。

大阪の職人技と心意気が光るスイーツ

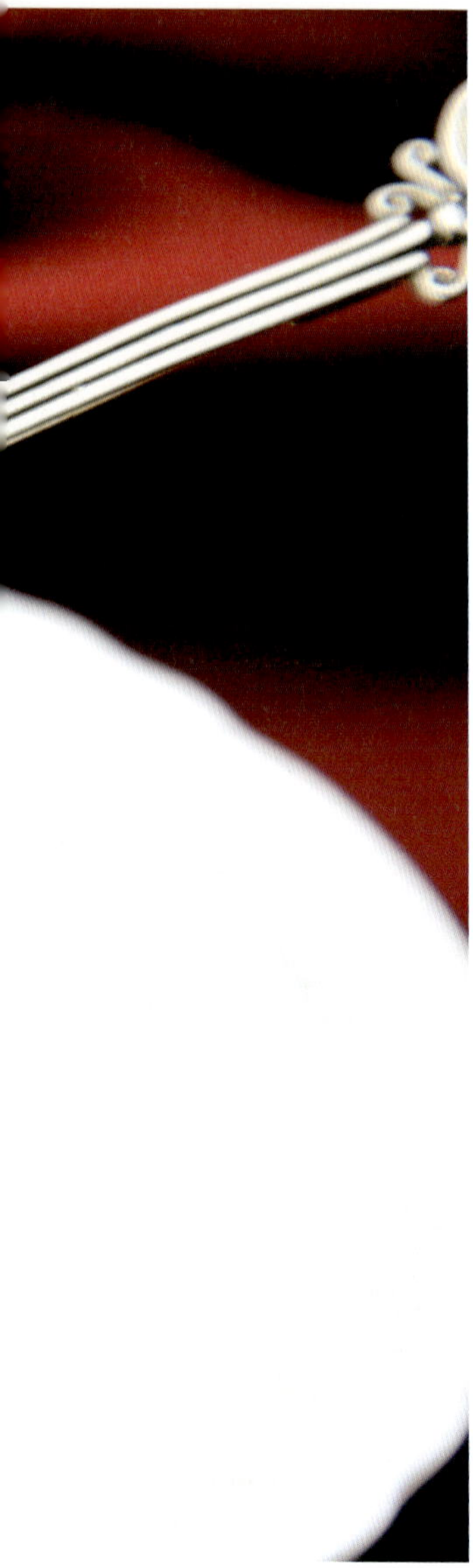

大阪市

からくり仕掛けのように味が…

帝国ホテル 大阪／クレームカラメル

帝国ホテル大阪は1996（平成8）年に開業した。観光客やビジネスユースが多い中、テイクアウトコーナーには地元の利用客も多い。ホテルと同じものを持ち帰りで楽しめるのがサロンでは一般的だが、ここではテイクアウト用に特別に開発されたスイーツも用意されている。

ペストリーシェフの西田一巳さんによると、お客さんが持ち帰られたあとをイメージして、少し時間が経っても美味しく食べられるようにしているそうだ。

『クレームカラメル』は10年以上前に西田さんが考案したオリジナルスイーツ。プリンほど甘くなく、クレームブリュレの濃厚さを程よく残した、「甘さ控えめで食べやすい」がコンセプトだ。

表面をしっかりと覆うように2度焼きで硬めに仕上げられたカラメルは、スプーンで触れただけでは、はじかれてしまう。少し強めにスプーンの先をコツンとあてると、パリンと表面が割れ、光沢のあるいかにもなめらかそうなプリンの生地が現れる。

カラメルのかけらとプリンを一緒に口中へ運ぶと、焦げたカラメルの香りとバニラの甘い香りが一気に広がり、ガツンとしたカラメルの苦味に衝撃を受ける。そのあとに押し寄せるのは風味豊かなミルクの優しい味わい。生地はアイスクリームのようになめらかな口当たり、甘味は控えめで、香りで甘さを感じる仕組みだ。

生地に使われている高濃度のミルクが旨みのポイント。ミルクのコクや独特の甘味があり、もう一つ食べたくなるようなあとを引く味に仕上がっている。

通常のプリンより少し低い温度のオーブンで、湯煎にしてやんわりと火が入るように慎重に焼き上げられ、納得がいかない仕上がりのときは、商品を店頭に並べない日もある。前日仕込みなので、追加注文には応じられない。この厳然たる姿勢こそが一流ホテルならではのこだわりであり、値打ちなのである。

クレームカラメル 530円

帝国ホテル 大阪
住所…大阪市北区天満橋1-8-50
最寄駅…JR環状線桜ノ宮駅西出口
電話…06-6881-1111(代表)
営業時間…11:00~20:00
＊イートイン有り(119席)
休日…無し
駐車場…有り(500台)
URL:http://www.imperialhotel.co.jp/j/osaka/

寝屋川市

和洋折衷3層の歯応え

パティスリーフリアン／和《なごみ》

一見おはぎのようなこのスイーツはパティスリーフリアンの『和』。その名の通り、心をなごませる和風のお菓子だ。シュー生地の中には特製クリームがたっぷり詰まっており、さらに全体をホワイトチョコレートでコーティングしたあと、きな粉がまぶされている。

特製クリームの秘密は沖縄産の黒糖を使った自家製黒蜜にある。新鮮な卵と牛乳や生クリームの濃厚な味わいに負けないように配合されている。

この商品の元になったのは、小さめのシュークリームにチョコレートをコーティングした『シュートリュフ』と呼ばれる同店の人気商品。「表面のチョコレートが手や口の周りについてしまう……」という女性客の声を反映して、より食べやすく改良された。

小ぶりなエクレアの形状で、大きな口を開けなくてもふた口程度で食べられる。外のホワイトチョコレートがパリッ！　シュー皮がサクッ！　中のクリームがふわりっ。まずは3段重ねの歯応えを楽しむ。

きな粉とシュー皮、大豆と小麦粉のダブルの香ばしさが、チョコレートと牛乳の2種類の油脂の旨みを驚くほど軽やかに感じさせるとともに、一層引き立てている。

あくまでもふんわりと軽く仕上げられたクリームは、口溶けが良く食べ飽きない。黒糖の独特のコクが余韻となって残る。乱暴な言い方をすると、あべかわもちとシュークリームのいいとこ取りだ。それぞれの素材の個性を生かしつつ、突出させずに一つのお菓子にまとめ上げるバランスの妙。さらに、マンゴークリームとホワイトチョコの『トロピコ』、『いちご』とバリエーションを増やしている。

シンプルなお菓子だが、味の構成要素は重層的で複雑。それをサラリとまとめ上げる手腕は、一流ホテル出身のオーナーシェフ松島俊哉さんならではの技量だろう。

和(中央) 168円、1,000円(6個入)、いちご、シュートリュフ、トロピコ 各147円　＊お取り寄せ可

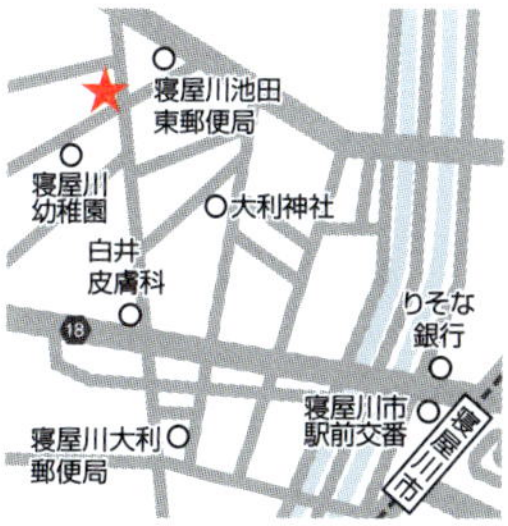

パティスリーフリアン
住所…寝屋川市池田南町1-4
最寄駅…京阪本線寝屋川市駅北出口
電話…072-826-5733
営業時間…9:00~21:00
＊イートイン無し
休日…不定休
駐車場…無し
URL:http://www.kansaisweets.com/friand/

東大阪市

舌先に残る鮮烈な余韻

レジュール／生キャラメルシフォンケーキ

「大阪のケーキは大きくて、安くて、しかも美味しくないと売れない……」この難題をクリアしたのが生キャラメルシフォンケーキだ。シェフの水田勝秀さんは2009（平成21）年春、シフォンケーキに何かをプラスして新しいスイーツを生み出そうと思案中、当時大ブームとなっていた生キャラメルに閃き《ひらめき》を感じた。

「これだ！」と確信した水田さんは、さっそくこのケーキのために高価なスチームオーブンを購入。熱風で焼くタイプのこのオーブンは、従来の上火と下火で焼くものと違い、高速で生地に火が通り、かつ安定した焼き上がりを可能にした。材料の質や量は必要かつ十分な状態を維持し、仕事の効率を上げることで、ケーキの価格を抑えようとしたのだ。

しかし、粘度の高いあめ状のキャラメルを、薄く均一にシフォンケーキへコーティングするのに困難を極めた。配合や温度を変え、さらに手早く作業を進めることにより、何度目かの挑戦でやっと完成させた。

また、キャラメルは美味しそうな茜《あかね》色に仕上げると苦味が強くなりすぎるため、コーティングに最適な状態を見つけるまで、さらに調整が必要だった。

漆器の如く艶やかなキャラメルが、きめ細やかなシフォンケーキを包み込む姿は、見ているだけで食欲をそそられる。

生地にキャラメルが吸い込まれるのは口の中に入れてから……。ふわっとしたスポンジの食感の中に、ひんやりとしたなめらかなキャラメルが少しずつ口の中で溶けていく。常温に戻すとキャラメルがやわらかくなり、さらに口溶けが良くなる。

ケーキの中心にたっぷりトッピングされた純生クリームのホイップは甘さ控えめで、ほろ苦いキャラメルに深みのあるミルク味とコクを付加している。スポンジが消えたあとには、キャラメルとミルクの鮮烈な余韻がいつまでも残る。大阪らしいインパクトのあるケーキの誕生だ。

生キャラメルシフォンケーキ 1,360円　＊お取り寄せ可

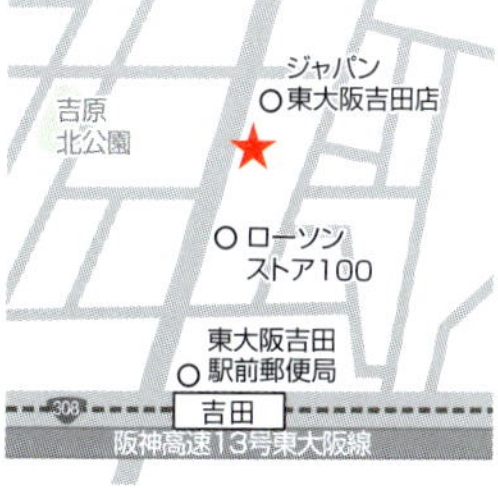

レジェール
住所…東大阪市今米1-14-17
最寄駅…近鉄けいはんな線吉田駅3番出口
電話…072-960-3000
営業時間…10:00~21:00
＊イートイン有り（34席）
休日…元日
駐車場…有り（8台）
URL:http://www.legere.co.jp/

大阪市

仏の伝統菓子を日本人好みに

ジョエル／淀屋橋ブッセ

お菓子の基本「粉」「卵」「砂糖」の三つの素材は万国共通だが、日本人は「粉」のでんぷん質を使い分け、味わい分けることができると言う。さらに、日本人の「味わう」という行為は舌だけではなく、「食感」と言われる歯ざわり、歯応え、のど越し、そして口の中から鼻へ抜ける際の香りに至るまで、微細な感覚をもって成立する。この微妙な味の違いを判別できる能力が、それを使い分ける能力にもつながる。

　そんな高等な能力を持つ日本人が好む生地の硬さ、クリームの水分量、全体の甘さのバランスにピッタリはまるフランス菓子が『淀屋橋ブッセ』だ。

親しみやすい形と食べやすい味、そして食欲をそそる焼き色。「難しい説明がなくても、日々のおやつとして食べるお菓子なら、その味をきっと理解してもらえる。そこから徐々にステップアップして、本場のお菓子に挑戦してもらいたい」と言うオーナーシェフの木山寛さんは、フランスでシェフパティシエを務め、本場で得た豊富な経験と知識をベースに、さらに日本人の嗜好や味覚を意識したお菓子作りをすることで有名な職人だ。

　卵白をしっかり泡立てて細かな泡のメレンゲを作り、これを卵黄に合わせた生地は、全卵を泡立てる生地よりもコシがあり、キメが細かくしっかり膨らむ。まるで赤ちゃんのほっぺのようなふんわり感。そのなめらかさはシルクやカシミアのようでもある。冷たいカスタードクリームが生地とともにのどを通る快感。ボリューム感も、おやつとしての存在価値を高める上では欠かせないポイントだ。繰り返し食べたくなる味わいと、満足感がこのお菓子の魅力である。

　ビジネス街の店は地域密着店より、お菓子に込められたメッセージを広範囲の人に広めることができる。これまであまり興味を持っていなかった人たちにとって、美味しいおやつとの出会いから、本物のお菓子の世界への扉を開くきっかけになるかもしれない。

淀屋橋ブッセ 250円

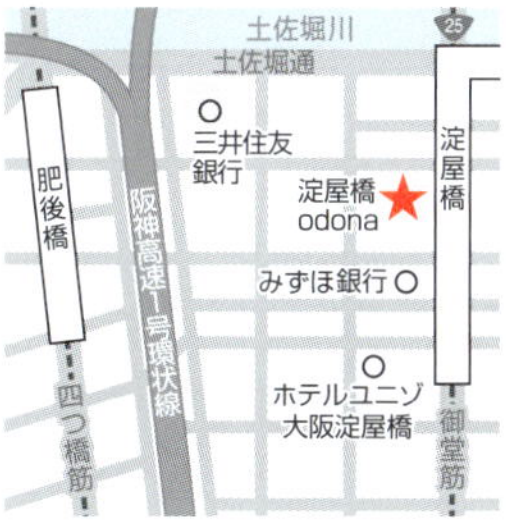

ジョエル
住所…大阪市中央区北浜4-3-1
最寄駅…地下鉄御堂筋線・京阪本線淀屋橋駅
10番出口
電話…06-6152-8780
営業時間…11:00~21:00（土祝20:00）
＊イートイン有り（25席）
休日…日曜
駐車場…無し
URL:http://www.joel.co.jp/

大阪市

チーズの香りとコクが楽しめる

ケーク・ド・コーキ／とろまーじゅ

「世の中に出回っているチーズケーキとは一味違うものを作りたい……」オーナーシェフの池畠幸喜さんは研究を重ね、やっと好みの食感を生み出した。最初は誰もが食べやすいものを作るのが目標だったが、最後は自分が美味しいと感じる味を信じて完成に至った。

　主役のチーズはフランス産で、香りが高く塩分が高いものと、淡白だがコクの出るタイプをミックスした。これにより、深みのある食べ飽きない仕上がりになった。チーズに合わせるのはメレンゲ。泡立て具合で舌触りが大きく変わるため、細心の注意を払う。最後の焼き上げが最大の山だ。通常より高めの温度で焼くため外はふわり、中はしっとり、そしてとろりととろける口溶けになる。「お菓子作りの醍醐味は、やったことだけが結果として出てくることです。言い訳できないから面白いんです」と池畠さん。評判は上々で「ワインに合う」と男性客も増えた。ついには普通のチーズケーキをやめて、『とろまーじゅ』だけにした。

　少し大きめなサイズも人気の秘訣。ふわーっと軽い口溶けの中からほんの少しひんやりとしたチーズのとろみが舌にからまる。チーズの香りとコクをじっくりと味わうための時間差攻撃が仕込まれている。

　テレビドラマの料理人に憧れて調理専門学校に入った池畠さんの、在学中のアルバイト先はフランス料理店だった。そこで初めてシャルロット・オ・ポワール（洋梨のケーキ）を食べて衝撃を受け、お菓子の道へ進路変更したと言う。洋菓子界の重鎮・阿部忠二さんの店「芦屋パティシエ・ドゥ・ミッシェル」「ホテルプラザ」「ホテルニューオータニ大阪」と順風満帆のパティシエ道を歩んだのち、独立して店を持った。ひたむきなお菓子への思いと繊細な仕事ぶりが受け入れられ、四天王寺の街並みにすっかり溶け込んでいる。

とろまーじゅ 110円、660円（6個入）、1,100円（10個入）

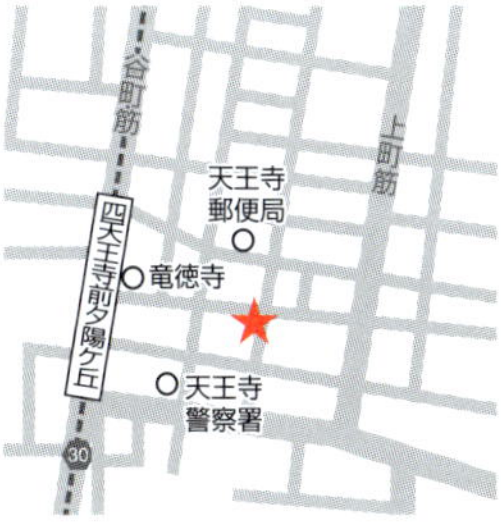

ケーク・ド・コーキ
住所…大阪市天王寺区上汐6-3-2-101
最寄駅…地下鉄谷町線四天王寺前夕陽ヶ丘駅1・2番出口
電話…06-6770-7120
営業時間…10:00~19:00
＊イートイン無し
休日…不定休
駐車場…有り（1台）
URL:http://www.cake-de-co-ki.com/

和泉市

ベリーとチーズの酸味爽やかに

菓子工房 T.YOKOGAWA／童子丸《どうじまる》

和泉市の提案を受け、市内の和洋菓子店と生産農家のコラボレーションで誕生した「大阪和泉スイーツ」。本来なら地場の有名な農産物があり、それをスイーツに仕立てるところだが、なかなか知名度が上がらない農産物をスイーツの力で世に送り出そうとするアイデアで、話題性も高まっている。

オーナーパティシエの横川哲也さんがコラボの相手に選んだのは、ベリー類。低農薬のイチゴとブルーベリーを一番美味しい旬に仕入れ、そのまま*コンフィチュールにして保存。これと、店で一番人気のチーズケーキ『手のひら』をドッキングさせた。

2000（平成12）年、縁もゆかりも人脈もない未知の世界だった「和泉市」に、無限の可能性を感じて店を構えた横川さん。府内の広いエリアで知られる店にまで育ててくれたこの地に、礼儀を尽くしたのだ。

キレのある酸味を引き立てるのは、フランス産の濃厚なクリームチーズ。口溶けが良いスフレタイプのチーズケーキの濃厚なコクをさっぱりと爽やかな風味のベリーが包み込んでいる。あとから追いかけてくるのは鮮やかな酸味。この繰り返しでより深く、より濃く……。そしてそれが単調にならないのは、ベリーのプチプチッとした歯ざわりが、まどろみのようなとろける食感に心地よい刺激を与えてくれるからだろう。

「大阪和泉スイーツ」は、売り上げの3％を市に寄付し、子どもたちが安心して生活できる街づくりに役立ててもらうことになっている。

『童子丸』とは、平安時代の陰陽師《おんみょうじ》、安倍晴明《あべのせいめい》の幼名。千年も語り継がれる伝説のヒーローの名を冠したこのお菓子が、プロジェクトに携わったみんなの願いをかなえ、時空を超えて未来に大きく羽ばたく様子を見守りたい。

童子丸 945円(6個入)

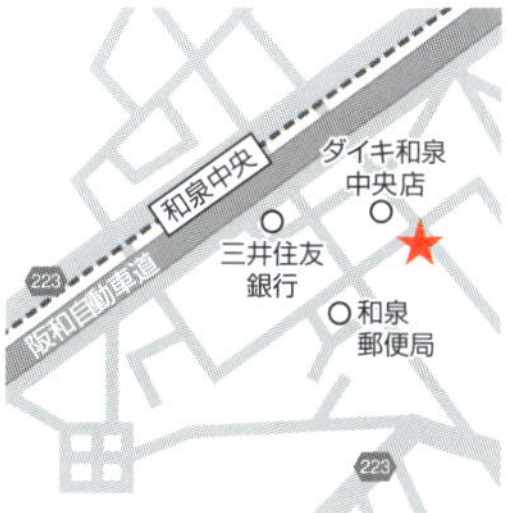

菓子工房 T.YOKOGAWA
住所…和泉市万町268-1
最寄駅…泉北高速和泉中央駅
電話…0725-57-2888
営業時間…9:00~20:00
＊イートイン無し
休日…不定休
駐車場…有り(32台)
URL:http://www.t-yokogawa.com/

交野市

クリームの濃淡で楽しむロール

ラ・キャリエールプイプイ／魔法のチーズロール

魔法のチーズロール 950円　＊お取り寄せ可

『魔法のチーズロール』はオーナーシェフの直谷謙治郎さんが修業時代に考案した。小型スフレチーズケーキの生地が余り、オーブン皿で焼き上げたところ、持ち上げることもできないほどやわらかいシート状の生地ができた。これをそろりと巻いたのが、ふわふわのスフレ生地のチーズロールだ。自店を構える際、さらにレシピを改良し、1人でまるまる1本食べられるようなケーキを目指した。

生地の材料は、クリームチーズ、米粉、小麦粉、卵白に牛乳。クリームチーズはくせがないのにコクがあるデンマーク産のすぐれものだ。卵白は、製菓材料として冷凍卵白が広く流通しているが、あえてこれを使わず、生卵から取り出す。これをしっかりと泡立てて合わせているため、生地がふかふかに仕上がる。さらに米粉を多用することで、巻いたとき「弾力があってしかもふわふわ」の食感が得られる。

チーズロールの真ん中には、たっぷりの生クリームと、アクセントに添えられたカスタードクリームが入っている。生クリームは濃度の異なる3種類を混ぜている。濃度の高い生クリームの濃厚なミルク味とコク、濃度の低い生クリームの軽やかな口当たり。それらが組み合わさって、ときにしっかり、ときにあっさり、ふんわり、しっとり……。

ラ・キャリエールプイプイ
住所…交野市松塚23-6
最寄駅…京阪交野線郡津駅西口
電話…072-894-3399
営業時間…10:00~19:30
＊イートイン無し
休日…無し
駐車場…無し
URL:http://www.lacarrierepuispuis.com/

大阪市

鮮烈を追求し絶妙のバランス

ANAクラウンプラザホテル大阪／ショコラ フランボワ

ショコラ フランボワ（右）3,000円、ブッシュド ノエル 4,200円　＊クリスマス限定

ANAクラウンプラザホテル大阪のクリスマスケーキ『ショコラ フランボワ』はミルクチョコレートとフランボワーズのムースのケーキだ。真ん中にピスタチオのババロアが入り、その中に冷凍のフランボワーズが並んでいる。フランボワーズの色を出すためにビター系は使わず、ミルクチョコレートを選択した。ミルクチョコレートの甘味をフランボワーズの酸味でうまく中和している。より鮮烈な香味を求め、あえて冷凍のフランボワーズを使用した。

チョコレートの風味をフランボワーズの爽やかな酸味がしっとりと昇華させる。ゆっくりと口中で溶けるとチョコレートのコクの奥からピスタチオの枝豆っぽい青い香りが広がる。飾りの果物には特に気を使う。とりわけイチゴは1粒ずつ目を通して、サイズや色、香りも確認。産地は国産のみとしている。

これを開発したのはペストリーシェフの斎藤浩一さん。ビジネス街と北新地に隣接する同ホテルに求められる「ハレ」のスイーツにふさわしい贅沢感を絶妙のバランス感覚で演出する。

ANAクラウンプラザホテル大阪
住所…大阪市北区堂島浜1-3-1
最寄駅…地下鉄御堂筋線・京阪本線淀屋橋駅7番出口、京阪中之島線大江橋駅2番出口
電話…06-6347-1112（代表）
営業時間…11:00~21:00
＊イートイン無し
休日…無し
駐車場…有り（140台）
URL:http://www.anacrowneplaza-osaka.jp/

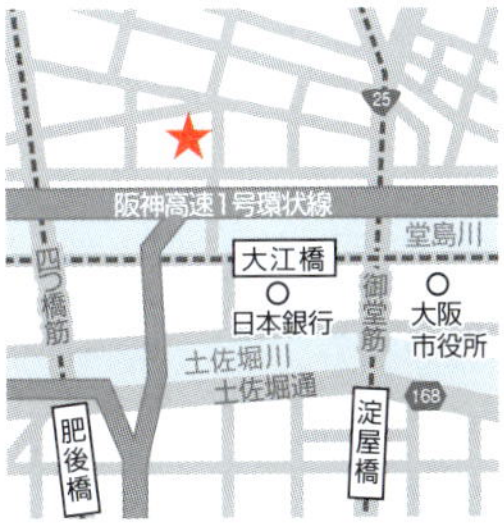

大阪市

魅力を支える普遍のルール

天王寺都ホテル／スイートポテト

大阪屈指の老舗ホテル「天王寺都ホテル」の名物スイーツ『スイートポテト』は〝普遍の魅力〟で大阪の名物として今も変わらぬ人気を保っている。

スイートポテトをホテルのシェフが手がけたのは都ホテルが最初だという。サツマイモを丸ごと使用し、皮ごと仕上げる都合上、量り売りをしたのだが、それが受けた！　決して安くない価格ながら、かつてあった天王寺ステーションデパートなど、ホテル直営の店舗で行列ができた。

糖度が高い鹿児島産の鳴門金時を、低温のオーブンでじっくりと焼く。焼いた皮をそのまま器に使用するが、通常の強い火入れでは身が離れて破れやすいため、ゆっくりと長時間加熱する。

焼き上がりの熱いうちに皮と身を別にして身の熱をしっかりとって余分な水分を蒸発させる。裏ごしし、卵黄と無塩バターを加えて生地を作り、冷やし固めて生地をしめる。こうすることで、皮の上にスイートポテト形に生地を成形することができるのだ。そして、オーブンでゆっくりと焼く。

口に入れると、しっとりした食感もつかの間、口中の温度でどんどん生地が表情を変えていく。なめらかなクリーム状に溶け出した生地から、サツマイモとバターの香りがシンプルにひもとかれていく。最後に残るのは鳴門金時の皮から放たれる焼き芋の香ばしい匂いと、仕上げに塗られた卵黄の風味だ。

「伝統のレシピを変えることはありませんが、常にベストの状態で召し上がっていただく努力は怠りません」とパティシエの西尾章宏さん。時代が変わっても、甘さや食感、そして味そのものを決して変えないのが「都ルール」だ。「あの味に会いたい」との問い合わせがあとを絶たない。これぞ天王寺都ホテルの「顔」である。

テレビや新聞などのメディアに取上げられる度に、「ここにあったんや！」と、オールドファンたちが続々と詰め掛ける。その笑顔が嬉しくて、西尾さんは黙々と地味な仕事を精魂込めて続けている。

スイートポテト 300円(小)、630円(中)、2,000円(大)　＊大のみ3日前までに要予約

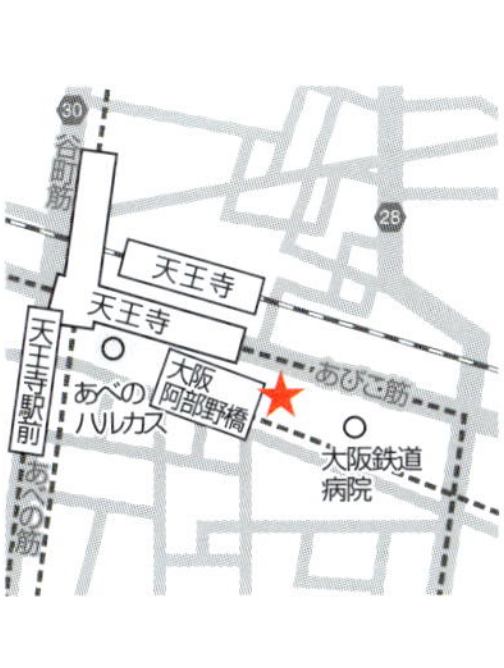

天王寺都ホテル
住所…大阪市阿倍野区松崎町1-2-8
最寄駅…JR・地下鉄各線天王寺駅、
近鉄各線大阪阿部野橋駅直結
電話…06-6628-3200(代表)
営業時間…10:00(土日祝9:30)~21:00
＊イートイン有り(48席)
休日…無し
駐車場…無し
URL:http://www.miyakohotels.ne.jp/tennoji/

四條畷市

懐かしいバターケーキの風味

シプレ／黄金のクランツ

「クランツ」の名は知らなくても、クリスマスリースの形をしたこの丸いケーキに見覚えのある人は多いはず。引き出物の定番としても親しまれてきたクランツ。「美味しいバターケーキを作りたかった」とシプレのシェフパティシエ、杉伸一さんはこの懐かしい味を復活させた。

「高価になってしまったショートケーキをもっと身近に、子どもが小遣いでおやつを買う感覚で食べてもらえるように」と、コストダウンにも気を配り、カットでもホールでも手軽に買える価格を実現させた。お客さんの反応は上々で、メディアにも取り上げられるなど、またたく間に看板商品となった。

バタークリームに使用している卵は黄身の色が濃く味も濃厚で、卵独特の匂いを軽減するよう研究された素材だ。この卵の卵黄だけを使用することにより、クリームは黄金色に輝く。甘さを控えるとともに、あえて有塩バターを使い、卵のコクが生きた繊細なバタークリームの完成だ。

少量の塩分が味を引き締め、生クリームが主流になる以前のバターケーキが備えていた甘塩っぱさを思い出させる。さらに、やわらかく焼き上げたスポンジに合うよう、クリームもソフトに仕上げた。表面にまぶしたスポンジのクラム*のさっくりした食感がアクセント。

シンプルなケーキを単調に感じさせないのはシェフの腕の見せどころだ。「室温で少しクリームがやわらかくなったときが食べ頃」と杉さん。口の中でスポンジとクリームが溶け合い、淡雪《あわゆき》のようにスッと消えていく。あとに残るのはバター由来の優しいミルクの余韻……。生地を流す前に型に振りかけたグラニュー糖が時折シャリッと心地よい歯ざわりになっている。

最初は小さなカットでひと口。今度はもう少し大きめに……。食べ始めたら止まらない、本物のスイーツの味。これぞ世代を超えて家族の団欒を彩る「黄金の輪」だ。

黄金のクランツ 105円(カット)、420円(ハーフ)、840円(ホール)　＊お取り寄せ可

シプレ
住所…四條畷市岡山東1-8-2
最寄駅…JR学研都市線忍ケ丘駅東出口
電話…072-879-6566
営業時間…9:00~20:00
＊イートイン有り(4席)
休日…第3水曜
駐車場…有り(2台)
URL:http://lecypres.o.oo7.jp/

大阪市

4層の心地よい食感を

アミ・デ・クール／プティパケ ショコラ

子どもがポケットのお小遣いで買えるお菓子という意味を込めた『プティパケショコラ』には一生忘れられない思い出がある」と語るのは、オーナーパティシエの鳥居俊宏さん。このお菓子は他ならぬ鳥居さん夫妻の結婚披露宴の引き出物なのだ。披露宴の出席者は、鳥居さんが在職していたホテルの料理や製菓の関係者が中心。諸先輩に持ち帰ってもらうお菓子にふさわしく、最も自信のあるものを自ら用意した。その夜、披露宴に出席した先輩から電話が入った。「美味しかったのでレシピを教えろ！」。驚きつつ電話口でレシピを説明した。自信作が認められたことを実感した瞬間だった。

お菓子の流行も変化を続けている。ロールケーキやシフォンケーキといった軽くてやわらかいスイーツがショーケースを占領していく中で、砦《とりで》を死守し続けているのが『プティパケ』シリーズだ。

「バタークリームのケーキは『古くさい』と敬遠された時代もありました。でも、材料が飛躍的に良くなった今はその美味しさが見直されてきたように思います」と鳥居さん。

4層のスポンジの生地はココア風味。チョコレートはベルギー産の最高級品を使っている。生地を4層にすることは手間がかかるが、その分心地よい食感を生む。生地がしっかりとしたヨーロッパの伝統菓子にも通じる、噛めば噛むほど味のあるケーキだ。最高級のチョコレートとバターは、常温に戻すことでまろやかに溶け出し、クリーム状となる。

濃厚なチョコレートと軽やかなココア風味の生地。これらが織りなす濃淡のコントラストがなんとも絶妙な逸品だ。食べ急ぐのはご法度。深煎りのコーヒーや洋酒に合わせ、ゆっくり、ゆっくり時間をかけて生地を味わいたい。

通りに面した明るいキッチンから、終日作りたてのいい香りが立ち上る。学校帰りの子どもたちが香りに誘われて覗き込んでいく。

プティパケ ショコラ 1,100円　＊お取り寄せ可

アミ・デ・クール
住所…大阪市港区弁天2-1-8-110
最寄駅…地下鉄中央線弁天町駅（2-A/2-B）出口、
JR環状線弁天町駅南出口
電話…06-6574-0866
営業時間…10:00~20:00（6~11月19:00）
＊イートイン無し
休日…水曜
駐車場…無し
URL:http://www.ami-de-coeur.com/index.html

大阪市

甘くてほろ苦い定番商品

ケンテル／ブランデーケーキ

世の中に「ブランデーケーキ」と名の付くものはあまたあれど、チョコレートがかかったものは珍しい。ブランデーケーキは通常、焼きたてにシロップをかける。しかし、このケーキは、生地を休ませ、熱を取ってからチョコレートにどっぷりと浸し、その上からブランデーシロップをかける。

「一番難しいのは生地の状態を見てシロップをかけるタイミングと分量」と、オーナーシェフの山下謙二郎さん。

1979（昭和54）年からこのケーキを作り始めたが、当時流行しつつあったブランデーケーキを何とかヒットさせたい一心で「他店にはない工夫を」と試行錯誤を重ねた結果がこの形。最初は「生地がベトベトする」と苦情が出るほどだったが、いつしかリピート客が増え、定番商品の座を得た。

ときを経て、材料や好みの変化とともに、ブランデーケーキも進化してきた。特にチョコレートの品質にはこだわった。現在は有名ブランド「カレボー」の高級品を使用。チョコレートがしっかりとしみ込んだ生地を口にすると、熟したブドウにも似たブランデーの香気と心地よいカカオの焙《ばい》煎《せん》香が押し寄せ、甘くてほろ苦い余韻がいつまでも残る。

フレッシュバターをふんだんに使った生地は、チョコとシロップを受け止め、その水分が食感を損なうことはない。今風の「フワフワ」ではない、程よい歯応えに仕上がるのだ。一見重そうな生地だが、気が付くともう一切れ……。ついつい手が出てしまう。バニラ味のブランデーケーキもバターリッチなテイストで人気だ。そして、しっかり冷やしても香りを失わないのは厳選された素材の力だ。

「今は高齢化社会。お子様向けのお菓子とは一線を画した、値打ちのわかる大人のお菓子を積極的に作っていきたい」。ブランデーケーキだけでなく、山下さん自身も時代とともに進化を続けている。

ブランデーケーキ 1,155円　＊お取り寄せ可

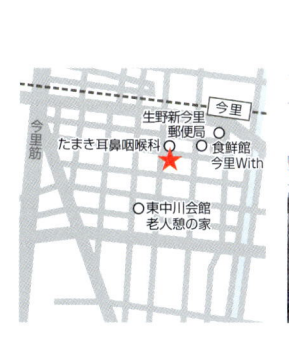

ケンテル
住所…大阪市生野区新今里2-7-1
最寄駅…近鉄各線今里駅
電話…06-6754-3686
営業時間…9:00~21:00
＊イートイン無し
休日…無し
駐車場…有り（提携駐車場有）
URL:http://www.kentel.jp/

大阪市

子どもの頃に親しんだ味を

パティスリー・ミィタン／ブランデーケーキ

ミィタンはフランス語でひと休みという意味。オーナーシェフの藤田茂さんは数々のホテルを渡り歩いた後、ザ・リッツカールトン大阪のペストリー・ベーカリーシェフを務めた経歴を持つ超一流のパティシエだ。

藤田さんのお菓子との出会いは、同時にパティシエとの出会いだった。「母がホテルプラザのパティシエと知り合いで、そのパティシエがよくケーキを持ってきてくれたんです」。その味と、その人に憧れ、ホテルシェフになった。

ホテルの大所帯を切り盛りしてきた藤田さんは、２０１０（平成22）年に独立し、あえて小さく店を構えた。組織や人事を意識することなく、自然体でお菓子に向き合いたい……。ミィタンのケーキは、豪奢《ごうしゃ》なものではなく、子どもの頃に慣れ親しんだ味を今風にアレンジした「レトロモダン」が中心だ。長い経験で蓄えた沢山の引き出しの中から次々に美味しいお菓子を取り出し、再生させている。

『ブランデーケーキ』は見た目はシンプルだが、店によって味が異なり、好みの分かれる難しいお菓子だ。焼き上げ後にブランデーを染み込ませるため、水分量の調節がポイント。生地に入れる粉を極限まで控え、しっかりと火を通して焼き上げている。強力粉を混ぜ合わせて生地が固く締まるのを抑え、水分を含んだとき、程よくしっとりとして、かつ、ふんわり感を残すことに成功。また、バターと卵を完全に一体化させることで、味わい深く、軽い食感に仕上がっている。

ホテル時代からこだわりのバニラビーンズはタヒチ産。香りに薬品っぽいくせがなく、甘くマイルドなところがお気に入りだ。ブランデー・ヘネシーの高級感あふれる香りは、１カ月ほど置くと、アルコールの強さが落ち着き、味に丸みがでる。

ジャンボ機からセスナへ乗り換えた藤田さん。次なる「ファーストクラス」のスイーツが楽しみだ。

ブランデーケーキ 2,000円　＊お取り寄せ可

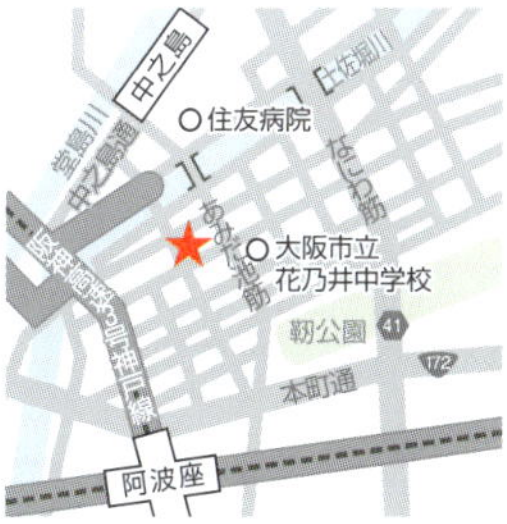

パティスリー・ミィタン
住所…大阪市西区江戸堀3-1-20 Lois-Grand靭公園1F
最寄駅…地下鉄各線阿波座駅9番出口、
京阪中之島線中之島駅2番出口
電話…06-6447-0415
営業時間…10:00~19:00
＊イートイン有り（4席）
休日…水曜
駐車場…無し
URL:http://www.mi-temps.jp/

大阪市

別添えのソースに旬の味

パティスリーリスボン／都島北通りシフォン

都島北通りシフォン 1,050円　＊お取り寄せ可

一般的にシフォンケーキには生クリームが添えられるが、『都島北通りシフォン』には季節の移ろいを感じられるように、別添えのソースも用意されている。これを季節によって変えて、旬の味を楽しむことができるのだ。キャラメル、京抹茶、フランボワーズ、メープル…。シンプルな生地だけのケーキなのに、食べ飽きることがない。さらに、その日の気分で違った味が楽しめるようにと、2種類のソースが選べる。

鹿児島の「旨赤卵《うまからん》」との出会いがシフォンケーキを始めたきっかけ、とオーナーシェフ山下理弘さん。卵黄が赤く、生地を焼くと、おいしそうな色に仕上がる。生地がメインのケーキは卵独特の臭いが課題だが、この卵を使うと、懐かしい砂糖が入った卵焼きの良い香りがする。

北海道のビート糖の丸みのある甘味と、岐阜の小麦粉の旨みも生地の味わいを深くする。卵や粉の風味をコントロールするのは、ふんだんに使われているマダガスカル産のブ*ルボンバニラだ。クリーミーで甘みを持ち、生地がなめらかで豊かな味わいになる。

生クリームをたっぷりつけても、なめらかな生地はすぐさま一体となって、のどの奥へと滑り落ちる。ソースは様子をみながら少しずつ。生地の味と香りの存在感を失わないギリギリのポイントを感覚で探ることも楽しみの一つだ。

パティスリーリスボン
住所…大阪市都島区都島北通1-1-5
最寄駅…地下鉄谷町線都島駅5番出口
電話…06-6925-7707
営業時間…9:00~23:00
＊イートイン無し
休日…不定休
駐車場…無し
URL:http://www.kansaisweets.com/lisbon/

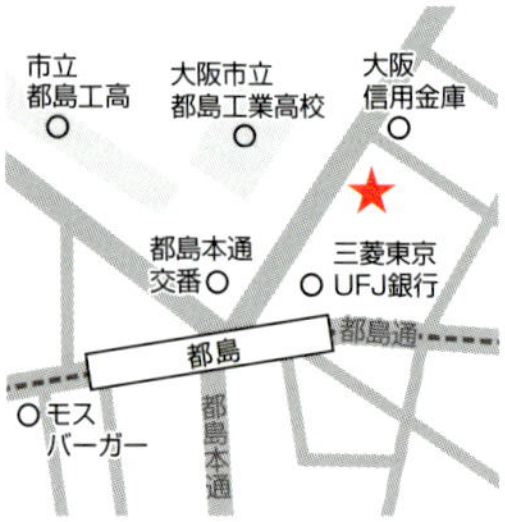

大阪市

伝統菓子をカラフルに

マルクト スイーツデザインマーケット／バターケーキ

バターケーキ 各137円、840円（5個入）、1,575円（10個入） ＊お取り寄せ可

ストロベリー、バニラ、抹茶、チョコレート、キャラメルという5つの味が楽しめる、マルクトの看板商品『バターケーキ』。ベースとなるのは『バニラ』。開発者のエーデルワイス商品開発課長の野田朋宏さんは「歴史ある伝統菓子とは一線を画し、マルクトの「デザインマーケットらしさ」を意識して、味覚はもちろん視覚にも新しい、色々な味が楽しめるカラフルなものにしました」と語る。生地はバターケーキらしく、しっかりしたバター感を出しながらも重すぎず、ふんわりしっとり。この食感の決め手となるのが、バターの使い方だ。通常はバターを立てて生地のベースにするのだが、バター特有の重さを軽減するために、溶かしバターにして加えている。さらに、*アーモンドプードルを混ぜて、生地をにふんわり感を与えている。

全ての味のベースとなる『バニラ』は、ほんのり効いた塩味がアクセントとしてあと味に残る。シンプルだがバランスのとれた、安心できる味だ。また、他のフレーバーはパウダーで味付けをするため、生地に含まれる粉の配合が多くなってしまうが、バニラはミニマムの配合で最もやわらかく仕上がっている。華やかなベリー香が爽やかな『ストロベリー』他、くっきりと主張のある香味の『抹茶』はバターの重さや油っぽさを感じさせない仕上がりで、和菓子のようでもある。

マルクト スイーツデザインマーケット
大阪髙島屋店
住所…大阪市中央区難波5-1-5 髙島屋大阪店B1F
最寄駅…地下鉄・南海各線なんば駅、近鉄各線大阪難波駅
電話…06-6632-9773
営業時間…10:00~20:00
＊イートイン無し
休日…髙島屋大阪店に準ずる
駐車場…無し
URL…http://www.markt-japan.com/

大阪市

たっぷりクリームに風格の味

リーガロイヤルホテル グルメブティックメリッサ／レーズンサンド

リーガロイヤルホテルの「グルメブティックメリッサ」は「ホテイチ」（ホテル1階）の語源といわれている。2002（平成14）年、地階にあったショップが1階に移転。宿泊以外の利用客の目にもとまるようになり、大ブレイクとなった。以来、ホテイチはデパ地下と並ぶスイーツのトレンドスポットとして注目を集めている。

こぼれ落ちんばかりのフレッシュバタークリームがガレット*・ナンテにサンドされている。レーズンがちょっと少ない印象を受けるが、そこに秘密がある。

「フレッシュバタークリームをたっぷりと美味しく召し上がっていただくためです」と、商品開発担当パティシエ。

ナンテの生地はフランス産の小麦粉と牛乳に国産発酵バターを使用し、自家製のバニラシュガーをかくし味に加える。バニラシュガーはバニラビーンズを取り出したさやを乾燥させ、砂糖と合わせて2～3カ月おいて風味をつけ、フードプロセッサーにかけたものだ。

たっぷりのクリームとのバランスを考慮し、ナンテは1度冷凍保存する。解凍するときの結露が生地に水分を与え、中はサックリと歯応えの良い状態のまま、表面はほんの少し軟質に変わる。一般的には口に入れたとき、まずザラつきを納め、そのあとにクリームが生地に浸透することになるが、少しやわらかめのナンテに仕上げることで、口中ですぐに一体化する。

ひと口に1粒程度鮮烈なレーズンの香りが訪れる。あえて熟成されていない若いラム酒に漬け込むことにより、インパクトが付与されるのだ。

『レーズンサンド』のネーミングも気取りがなくて親しみやすい。「シュー・ア・ラ・クレーム」より「シュークリーム」。ホテルの風格を味で表現するのがリーガロイヤル流だ。

レーズンサンド 788円(5個入)

リーガロイヤルホテル グルメブティックメリッサ
住所…大阪市北区中之島5-3-68
最寄駅…京阪中之島線中之島駅直結
電話…06-6448-2412(直通)
営業時間…10:00~20:00
*イートイン無し
休日…無し
駐車場…有り(840台)
URL:http://www.rihga.co.jp/osaka/

池田市

日本の風土に合わせた食感

パティスリーヤマキ／大正ロマンぶっせ

フランス菓子でありながら、どこか懐かしい和のテイストを感じる「ブッセ」。大阪・池田市のレトロな街並みが人気のエリアにあるパティスリーヤマキの『大正ロマンぶっせ』は、そのイメージにまさにピッタリのお菓子である。子ども連れや観光客が手軽に持ち帰るこの店の人気商品だ。ふわりと焼き上げた生地に、クリームがサンドされたシンプルな焼き菓子だが、独自のアレンジでオリジナルのフランス菓子とは一線を画す。

通常ブッセは小麦粉と卵を合わせた生地だが、香ばしい風味を出すためにアーモンドの粉を加えている。なめらかに、そして、「ふかふかっ」とあがるように、卵は黄身と白身を別々に泡立てる別立て。しっかりと立てて、ざっくりと合わせると素朴な風合いの食感が生まれる。

「季節や天気によって生地の調子が変わるので、膨らみ具合を絞る量で調整し、強火で水分が抜けないように一気に焼き上げています」と、日々真剣に向き合うオーナーシェフの山木貞直さん。

クリームチーズが入ったカスタードクリームは独特のコクがあり、トロンとまろやかな舌触りだ。吉野葛を入れて「もちもち感」を出した生地は、割るとフニュッと焼き饅頭にも似た感触である。しっとりもちもちの生地に、まろやかなクリームの組み合わせは、欧米人に比べ唾液が少ないといわれる日本人の好みにも合う。パッケージもそれぞれの味のイメージに合わせて、山木さんがデザインした。自らが生み出すスイーツを味覚と視覚の両面からプロデュースしたのだ。

本場フランス菓子のオリジナル至上主義も一つの考え方だが、日本の風土に合ったお菓子として手を加える山木さんに賛同者が増えている。

自らの舌が納得するまで試作を重ねる熱心さがいつの間にか地元客に伝わり、今ではすっかり街に溶け込んだ人気店となっている。

大正ロマンぶっせ カスタード 110円（マロン・抹茶 各130円）、730円（5個入）、1,360円（10個入） ＊お取り寄せ可

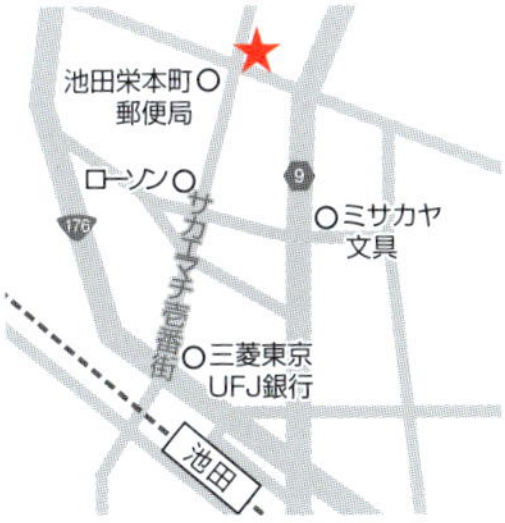

パティスリーヤマキ
住所…池田市栄本町9-6
最寄駅…阪急宝塚線池田駅東口
電話…072-754-2959
営業時間…10:00~19:00
＊イートイン有り（4席）
休日…月曜
駐車場…無し
URL:http://www.yamaki2001.com/

大阪市

サクッ！ たまらない歯応え

ハンブルグ／ブレッツェル

ブレッツェル 1,300円（5個入）、3,150円（12個入）　＊お取り寄せ可

「ブレッツェル」はドイツのパンの一種で、アメリカでは「プレッツェル」と呼ばれる。同名のスナック菓子はアメリカ生まれの大ヒット商品で、ブッシュ前大統領がフットボールをテレビで観戦中に食べ、のどを詰まらせたことでも有名だ。

大阪・十三の人気店「ハンブルグ」のオーナーシェフ・小西久夫さんはお菓子の本場、スイスの名門製菓学校で学んだ。本物を知り尽くしたシェフが、その伝統的な形状をモチーフにして、ドイツともアメリカとも違う、日本人の食性や嗜好に合わせてあみ出した『ブレッツェル』。しかし、そのお菓子作りはあくまでも基本に忠実にがモットーだ。

お菓子を作る際、季節や天気によって微妙に変化する環境を常に緻密に計算し、材料の種類、配合を調節する。出来上がった生地の状態が良いと、焼き上がりは見た目に美しく、食感の良いお菓子となる。この生地へのこだわりこそが、お菓子作りの基本である。

サクッ、パリッ、ポリッ……。特筆すべきはその歯応えだ。重ねられた生地は、どちらかがもう少し薄くても厚くても成しえない最良のバランスで、食べ始めると止まらない。

バターたっぷりの表面に施す砂糖のアイシング*が一緒になると、懐かしい練乳の味に変化する。少し焦げた小麦粉の風味が、私たちを子どもの頃に引き戻すかのように感じる。

ハンブルグ
住所…大阪市淀川区十三本町1-12-15
最寄駅…阪急各線十三駅西出口
電話…06-6308-5570
営業時間…10:00~21:00
＊イートイン有り（14席）
休日…元日
駐車場…有り（契約駐車場36台）
URL:http://hamburg.jp/

大阪市

こだわりの年輪に二つの食感

きになる木リッチフィールド／マウントデコボコ

マウントデコ枝 840円、マウントボコ枝 735円　＊お取り寄せ可

バウムクーヘンは生地の硬いタイプとやわらかいタイプがあり、それに伴い好みも分かれるところ。そんな両方のニーズに応えるべく誕生したのが『マウントデコ』『マウントボコ』だ。

オーナーパティシエの福原光男さんは神戸の洋菓子店「ボックサン」の創業家の次男。父の出身地で、修業の地でもあった大阪・茶屋町に出店。

『マウントボコ』はふんわりやわらかい食感で、口に入れるとスッと消えるのが特徴だ。しっとりとした食感を生み出すのは、アーモンドの粉とシロップで練り込んだ手作りのマジパン。焼き上げるとき、途中で1度窯から取り出し、完全に冷えるまで生地を寝かせてから再び窯に入れて2度焼きする。長時間窯に入れていると水分が蒸発してしまうため、これを防ごうとひと手間かけたのだ。

『マウントデコ』はしっかりとした歯応えがあり、もっちりした食感で、噛むほどに味が出る。職人が低温でゆっくりと時間をかけて一層一層焼き上げることで、強い生地に仕上がり、ダイナミックな見た目になる。

味の決め手はバター。『マウントボコ』はバターの甘味を生かし、優しい風味をプラス。『マウントデコ』は焦がしバターの強い香りがインパクトのある味を形成している。

きになる木リッチフィールド
住所…大阪市北区角田町8-7 阪急百貨店梅田本店B1F
最寄駅…JR大阪駅、阪急・阪神・地下鉄各線梅田駅3番出口
電話…06-6313-1620
営業時間…10:00~21:00
＊イートイン無し
休日…阪急百貨店梅田本店に準ずる
駐車場…無し
URL:http://www.rich-field.biz/

池田市

安心素材で徹底した手作り

お菓子のアトリエなかにし／焼きドーナッツ

「徹底した手作り」にこだわるオーナーシェフの中西伸吉さんは全ての材料を一から作る。大学を出て大手洋菓子メーカーに入り、営業職に就いていたが、あるとき先輩に勧められて製造部門に移った。「教師志望だったので、子どもに夢を与えるお菓子作りにやりがいを感じた」と中西さんは、すぐにお菓子作りの奥深さにのめり込んだ。実家が農家だった縁で、新鮮で上質な農作物が手に入るルートがあり、旬の時季に入手したものを菓子材料として年中使えるよう、*ピューレやジャム、果実酒などにして保存している。

さらに、添加物を使わない素材作りに努め、そのシーズンの果物の出来栄えを加味して素材が最良の状態になるよう調整も怠らない。「昨日より今日、今日より明日。お客さんに喜んでいただけるように」。その地道なスタイルで、地元客の信頼を得てリピーターを増やしていった。

そんな安心の素材で作っているのが『焼ドーナッツ』だ。生地の甘味は三温糖と蜂蜜。これに白餡を入れることで、甘さを抑えてしっとり感を出している。白餡は蜂蜜と相性が良く、食感とともに味わいも引き立てる重要な素材だ。

季節ごとに変わる*フィリングも楽しみ。秋は『かぼちゃ』『鳴門のおいも』などが並ぶ。かぼちゃは北海道産のエビスカボチャをシロップ煮にして皮ごと刻んで入れている。徳島産の鳴門金時が入った『鳴門のおいも』は、口に入れるとふかしイモのようなふわっとした食感と子どもの頃の記憶を呼び起こすかのような懐かしくて優しい味わいが広がる。

店には働きたいと希望する人が次々と集まり、求人を出したことがない。「中学校の課外体験学習で預かった生徒が大学生になってアルバイトに来てくれるんです」。自身も数々の店に手伝いに行き、沢山のことを学んだ経験から、来る者は拒まず、丁寧に教える。「お菓子との出会いは人との出会い」と言う中西さんが焼き上げるドーナッツの輪は、人と人とのつながりの和だ。

焼きドーナッツ 各178円、1,950円(9個入)　＊お取り寄せ可

お菓子のアトリエなかにし
住所…池田市城南3-1-8
最寄駅…阪急宝塚線池田駅
電話…072-750-1201
営業時間…10:00~20:00
＊イートイン無し
休日…不定休
駐車場…有り(2台)
URL:http://www.atelier-nakanishi.com/

大阪市

大阪のエスプリさりげなく

ホテルニューオータニ大阪／マカロン

ホテルニューオータニ大阪は1986（昭和61）年開業。味の責任者である「パティスリーSATSUKI」のシェフパティシエ・中島真介さんは、2002年の「ワールドペストリーチャンピオンシップ」に日本代表として出場し入賞、2009年の「世界パティスリー」でチーム監督として優勝するなど、輝かしい経歴の持ち主だ。中島さん監修のもと、一番弟子のシェフパティシエ、鹿児島裕之さんが指揮をとり、製造にあたる。

「マカロン」はメレンゲにアーモンドの粉を混ぜて焼いた生地にクリームをサンドしたお菓子。手間がかかり壊れやすいこともあって、立派な箱で販売されることが多く、比較的高額だ。しかし、こちらのショップのものはリーズナブルな価格で大きめサイズとあって、値段に厳しい大阪人に受けている。

サンドするクリームは季節ごとに趣向を凝らしたオリジナルだ。『フロマージュ』はフランス産カマンベールチーズをふんだんに使用した、リッチな味わい。伊予柑の*コンフィチュールが入った*ガナッシュはピール（皮）がアクセントとなり、かんきつ類独特の爽やかなあと口。『フランボワーズ』はガナッシュと板チョコをサンドすることで、しっとりとしたクリームとパリッとした板チョコの食感が味わえる。

『ピスタチオ』は、フレッシュピスタチオとプラリネピスタチオ、二つの味わいの異なる風味が絶妙のハーモニーを奏で、バタークリームのまろやかなミルクの風味が、ピスタチオの青い香りの輪郭にグラデーションをかける。四季折々に変化するマカロンが楽しみだ。生花とセットになった母の日のギフトラッピングにも定評がある。

王道のホテルスイーツに、さりげなく大阪のエスプリを利かせた逸品だ。

マカロン 各180円

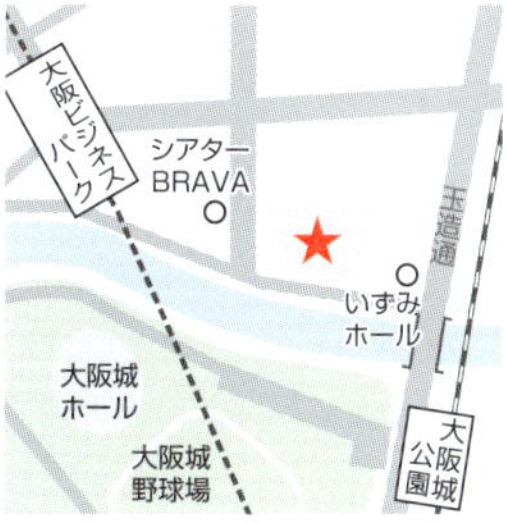

ホテルニューオータニ大阪
住所…大阪市中央区城見1-4-1
最寄駅…JR環状線大阪城公園駅、
地下鉄長堀鶴見緑地線大阪ビジネスパーク駅
電話…06-6949-3298(直通)
営業時間…10:00~20:00
*イートイン有り(併設店舗にて)
休日…無し
駐車場…有り(500台)
URL:http://www.newotani.co.jp/osaka/

堺市

食べるのがもったいない!

ヴィベール／アニマルクッキー

アニマルクッキー 各160円　＊お取り寄せ可

まるでお母さんの手作りのようなクッキーだが、これを店の中心に据えるのにはわけがある。表情豊かな動物たちの原型は、かつて心斎橋筋商店街にあった老舗カフェ「プランタン」の看板商品だった動物パン。ヴィベールのオーナーシェフ、佐藤晃さんが懇意にしていたプランタンの職人さんが、店にあった金属製の空き缶を巧みに曲げて型を作ってくれたのだ。

パンダ、クマ、リス、カンガルー、動物の形をしたクッキーは世界中にあまたあれど、このフォルムは完全オリジナル。生地が切れやすいよう先端部は薄く、押さえる手が痛くないよう後ろの部分は厚く、優しい配慮が施されている。

動物の表情は、目や口元の配置でその印象がずいぶん変わる。「可愛いらしく仕上げて、子どもたちの笑顔が見たい」と願う気持ちがお菓子の出来栄えに大きく影響する。心を込めて作る愛くるしいクッキーに、「可愛いすぎて食べるのがもったいない」と言われることも多い。

子どもが好む淡いミルク味になるよう、配合にもこだわる。上質のバターとミルクをたっぷり使用しているが、生地が濃厚になり過ぎないよう配慮も。硬すぎずやわらかすぎず、サクサク噛んでもボロボロにならない程度の絶妙のほどけ具合に焼き上げている。

ヴィベール
住所…堺市堺区東雲西町1-2-2
最寄駅…JR阪和線堺市駅西側出口
電話…072-227-0015
営業時間…9:00~21:00
＊イートイン有り（27席）
休日…無し
駐車場…無し
URL:http://www.viebelle.com/

寝屋川市

口溶け軽やか多彩な味

洋菓子工房ボストン／焼きドーナツ

焼きドーナツ 各160円

ドーナツと言えば、揚げ油と砂糖といった重めの味を連想しがちだが、これは焼きドーナツで、フレッシュバターと小麦粉などを合わせた生地をオーブンで焼き上げているのだ。口に入れたときの軽い食感と、バリエーション豊かな味でロングヒットとなっている。

洋菓子工房ボストンの安政義雄さんは数年前に出張中の東京で焼きドーナツと出会った。「これは売れる！」と直感し、戻るとすぐドーナツ型を購入し、商品開発に着手した。「老若男女、誰もが安心していくつでも食べられるような、優しいドーナツを作りたい」と考え、「若い感性と女性らしさで、時代にマッチした商品を作ってほしい」と、製造責任者の増谷安紀子さんに開発を委ねた。増谷さんは食博OSAKA2013ケーキコンクールで最優秀賞を受賞するなど、確かな腕を持ち、信頼できる職人だ。

『焼きドーナツ』の味わいは驚きの連続だ。『プレーン』は軽やかな口溶け。特筆すべきは『チョコレート』。こんなに甘くないドーナツを商品化する勇気に感服する。消費者目線を持つ女性パティシエならではの感性だ。新しい時代の味に生まれ変わったドーナツが、変わらぬ「輪」の形で家族の団欒を紡ぐのが安政さんの願いだ。

洋菓子工房ボストン
住所…寝屋川市八坂町7-7
最寄駅…京阪本線寝屋川市駅北出口
電話…072-822-8640
営業時間…9:30~20:00
＊イートイン無し
休日…元日・不定休
駐車場…無し
URL:http://www.boston77.com/

大阪市

彩色豊かな味と香り

なかたに亭／パレ・オ・ショコラ　フリュイ・セック

薄い円盤状のチョコレートの上にたっぷりと盛り付けられているのは、アプリコット、イチジク、マンゴー、*晩柑《ばんかん》と、4つのドライフルーツ。オーナーパティシエの中谷哲哉さんは彩の美しさを意識してチョコレートにフルーツを盛り付ける。

使用するチョコレートは、世界的に有名なヴァローナ社の「マンジャリ」。マダガスカル産の最高級カカオ豆を使ったブラックチョコレートで、マダガスカル語で「美味しい」、サンスクリット語で「香り」を意味する。ラズベリーなど赤いフルーツのように香り高く甘酸っぱくて、フルーツとの相性も抜群だ。

フランスや日本のレストランで修業経験のある中谷さんはスパイスやハーブなどにも精通しており、それらを巧みに駆使したスイーツを作り続けてきた。

「その道を究めようとすればするほど、チョコレートへの思いが高じて……」と、今やショーケースの半分はチョコケーキが占め、チョコレートやチョコレートタルト専用のショーケースもある。

溶かして温度調整をしたチョコレートを手作業で搾り出す。重要なのはチョコレートの厚みだ。フルーツが主張しすぎないギリギリの厚さを追求した。フルーツの形状は個体差があるが、製品の味を同じ状態に安定させるため、それぞれのフルーツが同じサイズになるようにカットする。

脂質の高い料理に添えたり、ソースに使用されることも多いイチジクやアプリコットは、チョコレートに含まれるカカ*オバターにも良く合う。マンゴーが持つトロピカルフルーツ独特の鮮烈な味と香りと、晩柑の強い酸味をチョコレートが中和する。まるでミックスジュースのように色々な味が混ざり合う美味しさが口中を駆け巡り、最後にはしっかりとチョコレートの存在を満喫できるのだ。

まだまだ一般的には知られていないが、チョコレートも鮮度が大切。作りたての美味しさは格別である。

パレ・オ・ショコラ フリュイ・セック 1,575円　＊お取り寄せ可

なかたに亭
住所…大阪市天王寺区上本町6-6-27
最寄駅…近鉄各線大阪上本町駅、
地下鉄各線谷町九丁目駅14番出口
電話…06-6773-5240
営業時間…10:00~19:00（18:45LO）
＊イートイン有り（28席）
休日…月曜・第3火曜
駐車場…無し
URL:http://www.nakatanitei.com/

大阪市

舌先で微妙な味の変化

エクチュア／塩チョコレート

「大きな塊のままほおばらんといてね」オーナーショコラティエの植松秀王《よしお》さんの言葉に従い、3センチ角程度の薄い断片を、さらに小指の爪の先ほどのサイズに割って舌に乗せてみる。舌の先は甘味と塩味を最も敏感に感じる部分だ。塩のうま味がスパイシーなカカオの芳香をぐっと引き立てる。

「これが塩チョコレート！」。ファンを魅了する味に、ただただ納得した。

外観は、薄く延ばしたチョコに天然塩の結晶が点々と浮いているだけ。無造作にばらまかれたように見える塩だが、実は、その量や粒の大きさ、密度が計算し尽くされている。

有名な外国産の岩塩や海水塩を色々試したが、最も相性が良いのが国産の深層海水塩だったという。日本人の味覚には日本の風土由来の塩が適しているのだろう。通常、塩チョコレートといえば、チョコレートに塩が練り込んであるものだが、エクチュアの塩チョコレートは一味違う。味が均一でなく、部分によって表情を変えるのだ。めくるめくようなリズムで訪れる香りと味の波動に魅了される。

カカオ豆は複数の産地のものを厳選し、独自のブレンドが施されている。チョコの厚さは「試行錯誤の末、1・5ミリが最良の口溶け」と植松さんは言う。

「エクチュア」は1986（昭和61）年創業。当時、チョコレートは欧米では大人が愉《たの》しむものだったが、日本ではもっぱら子ども用の流通菓子であり、大阪にチョコレート専門店はほとんどなかった。植松さんは、自らが魅せられたチョコレート本来の愉しみ方を浸透させたいと一念発起し「本物」のチョコレートが年中買える店を開いた。大阪の中心部に戦災を逃れて残された安らぎの空間、空堀。町屋を改装した店舗は、あたかもその頃からあった店のような佇まいだ。

そして生まれた名物・塩チョコレートは…ほんまに「ええ塩梅《あんばい》」である。

塩チョコレート 893円（50グラム）、ビター・ミルクセット 1,785円　＊お取り寄せ可

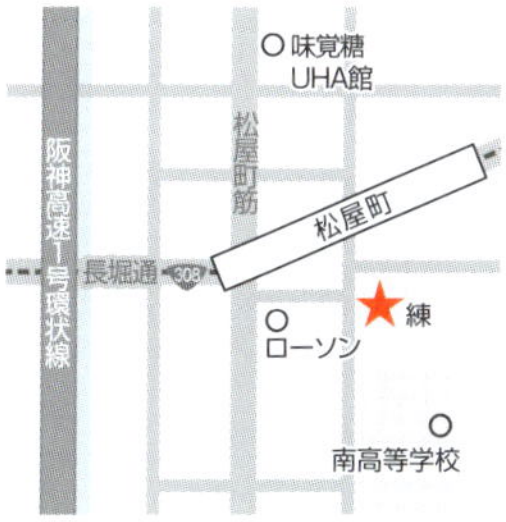

エクチュア
住所…大阪市中央区谷町6-17-43「練《れん》」内
最寄駅…地下鉄長堀鶴見緑地線松屋町駅3番出口
電話…06-4304-8077
営業時間…11:00~22:00（日祝21:00）
＊イートイン有り（38席）
休日…水曜
駐車場…無し
URL:http://www.ek-chuah.co.jp/

大阪市

6種の贅沢カップに詰めて

ル・ピノー／大阪堀江・ジェラート

大阪堀江・ジェラート 各315円、2,205円(6個入)、2,835円(8個入)、4,905円(12個入)　＊お取り寄せ可

近年お洒落な街として注目を集める北堀江。この街のランドマーク的な洋菓子店「ル・ピノー」社長・阿部雅祥さんが開発したのが、ケーキのようなジェラートだ。

フルーツやチーズ、ショコラなどジェラートの構成要素となるフレーバーは生ケーキなどにも使われる高価な材料を使用。フランスのバローナ社の最高級クーベルチュールチョコレートは生チョコとして販売されているものだ。素材の旨みがパティシエの技術によって、最大に引き出された瞬間を切り取った。

販売が始まると、若い女性客らが、こちらが想像しなかったフレーバーの組み合わせで注文した。その姿を見て、「パティスリーとして本当に美味しい完成形の組合せを提案しないといけない」と、カップジェラートの商品化に乗り出した。そして、フレーバーの組み合わせや分量の比率などを試行錯誤した末、6種の味が完成した。

冷たいジェラートは口の中で溶けながら徐々に温度が上昇するため、それぞれの素材が香り高くなる瞬間を無意識に味わうことができる。最高級の素材をふんだんに使用し、さらにパティシエの長い経験と高い技術を余すことなく練り込んだ贅沢なジェラートは、大阪人好みの豪奢な味わいだ。

ル・ピノー
住所…大阪市西区北堀江2-4-12
最寄駅…地下鉄四つ橋線四ツ橋駅6番出口
電話…0120-24-9014
営業時間…9:00~21:00
＊イートイン有り(18席)
休日…無し
駐車場…無し
URL:http://www.le-pineau.com/

フルーティ・ジュレ 各368円、2,468円（6個入）、3,990円（10個入）　＊お取り寄せ可　＊夏期限定

茨木市

蜂蜜が生み出す自然な甘味

プチプランス／フルーティ・ジュレ

夏のスイーツの定番といえばゼリーだろう。フルーツと天然水といったシンプルな材料を固めた、一見簡単そうなスイーツだが、実は奥が深い。また、パッケージによって大きくイメージが変わるため、大手メーカーは斬新なデザインのパッケージを次々に導入している。一方、地元密着型の洋菓子店などではパッケージにコストをかけるよりも、材料にこだわりつつリーズナブルな価格で販売することを優先させる傾向にある。

「できる限り国産の素材を使い、搾りたての果汁をそのままゼリーに仕上げました」と、2代目の浅田美明さん。ゼリーの味付けのベースとなるのは「百花蜜」と呼ばれる千早赤阪村産の蜂蜜だ。フルーツ王国・和歌山の北東に位置する好環境の中で、レンゲや梅、菜の花など様々な花から集められた自然の恵みは、ゼリーに優しい甘味を与え、フルーツの香りを引き立てている。

砂糖を控え、蜂蜜を使うことでコクと深みが出て、なおかつ自然な甘味になる。フルーツと、フルーツの花から採れた蜂蜜は当然ながら相性が良い。口に含むと、フルーツそのものの味わいと、ゼリーの控えめな甘味が広がる。そして、ゼリーの甘味は潮が引くように一瞬で去り、フルーツの香味が余韻として残るのである。

プチプランス
住所…茨木市春日1-16-53
最寄駅…JR京都線茨木駅西口
電話…072-620-0070
営業時間…9:00~20:30
＊イートイン無し
休日…第3水曜
駐車場…有り（4台）
URL:http://www.petit-prince.co.jp/

箕面市

爽やかな酸味にほろ苦さも

シェ・ナカツカ／柚子ゼリー

柚子ゼリー 230円　＊お取り寄せ可　＊4月下旬頃より販売開始

箕面の柚子は「実生《みしょう》ゆず」と呼ばれる種から育てられたもので、結実するまで18年かかるといわれるが、寿命が長く病気にも強い。また大粒で皮が厚く、表面にデコボコがある。酸度や糖度が高く、香りも通常の接ぎ木で育てられた柚子より格段に良いのが特徴だ。

柚子のみずみずしさをイメージさせるジューシーな『柚子ゼリー』は、フレッシュな果汁と信州・安曇野の天然水をたっぷりと使用し、固まるか固まらないかギリギリの固さにこだわっている。箕面の柚子は酸味が強いためゼリーが固まりにくく極めて緩い状態となり、これがスルスルの食感を生むのだ。飲み下すようにスルリとのどを通過すると、鮮烈な柚子の香りがのどから鼻へと届く。口にした生のまま刻んだ柚子の皮から、清涼感が一気にあふれ出す。爽やかな酸味は決してのどを刺すことはなく、まろやかな果実の味のあとに届くほろ苦さが心地よい余韻となる。

「店頭に並べると箕面土産として人気が出て、すぐに材料の柚子がなくなってしまうんです。追加注文しても生産量が少ない箕面の柚子は手に入らず、別の産地の柚子でも柚子ゼリーを作っています」と、オーナーシェフの中塚幸宏さん。タイミングが合えば産地が違う2種類の柚子ゼリーの食べ比べが楽しめる。

シェ・ナカツカ
住所…箕面市坊島4-10-4
最寄駅…阪急箕面線箕面駅・北大阪急行千里中央駅からバスで白島バス停
電話…072-720-3636
営業時間…10:00~20:00
＊イートイン無し
休日…第3火曜
駐車場…有り（4台）
URL:http://www.kansaisweets.com/chez_nakatsuka/

大阪市

街の洋菓子店ゆえのカステラ

ジャンルプラン／馥郁《ふくいく》

馥郁 189円、1,512円(8個入)　＊お取り寄せ可

近年、洋菓子店でカステラをよく目にする。『馥郁』は生地を焼くだけのシンプルな製法だが、それだけに奥が深い。生地をオーブンに入れたあとの「泡切り」と呼ばれる工程が焼き上げの鍵を握る。焼成中に生地を取り出し、気泡をヘラで切る作業だ。これで焼き上がったとき生地が均等にふくらみ、程よい食感が生まれる。

季節で異なる卵の状態を見極めながらの作業は、熟練を要する。常にオーブンから目を離せない集中力も要求され、まさに毎回が真剣勝負だ。

香りも重要だとオーナーシェフの三宅博司さんは「卵と粉の香りを最大に引き出せるポイントを求め、配合や焼成の時間、温度などとことん研究した」と言う。

こうして作られたカステラは、ふくよかな生地の、意外なほど軽い食感に驚かされる。洋菓子のスポンジに似た口溶けだ。しかし、フルーツやクリームなどの組み合わせで初めて構成要素として成り立つスポンジと異なり、『馥郁』は単独で際立つ存在感をアピールしている。

「最高の状態で食べてほしい」と、焼き上げから1日置いて味が落ち着くのを待つ。「今日焼いたものを明日売る。だからいくら売れても追加はできないし、これを繰り返すため休業日をなくした」。三宅さんの強い思いがくみ取れる。

ジャンルプラン
住所…大阪市都島区都島本通2-14-6
最寄駅…地下鉄谷町線都島駅2番出口
電話…06-6923-6722
営業時間…9:00~21:00
＊イートイン有り(28席)
休日…無し
駐車場…無し
URL:http://www.janrupuran.com/

交野市

香りと風味と深みに酔う

アミエル／酒かすマドレーヌ

フランスの田舎をイメージさせる店内には、アンティークの家具やお菓子に関連する道具などとともに、焼き菓子やギフトラッピングの商品が所狭しとディスプレーされている。お菓子好きにはたまらない夢の空間「アミエル」。そんな店の入り口付近で、ひときわ目を引くのが日本酒の瓶だ。これは、大阪・片野で江戸時代の後期から続く酒蔵「山野酒造」の片野桜《かたのざくら》の純米大吟醸「雫《しずく》」。酒を搾る段階で醪《もろみ》を酒袋に入れて、圧力を加えず吊るして滴る雫だけを瓶詰にした贅沢な酒だ。

雫をとったあとの酒袋には酒分を含んだとろとろの状態の酒かすが残る。このことを知ったオーナーパティシエの大川原さんは、まず「フランス菓子の基本」とされるマドレーヌの生地に混ぜて焼いてみた。

ずっしりと重そうに見える酒かすをマドレーヌの生地に合わせると、ふくらみが悪くなるのではないかと心配した。しかし、国産の小麦粉をしっかり混ぜ合わせると粘り強い生地となり、ふんわりふくらんでなめらかな食感が生まれた。

オーブンから取り出し、焼き上がったマドレーヌに酒を吹き付ける。焼けた生地から漂う卵と粉の香りよりはるかに強く、芳醇な美酒の香りがあふれ出した。さらに、袋に入れて数日おくと生地がやわらかく、香りもマイルドになった。

こうして誕生した『酒かすマドレーヌ』は店頭に並べたとたんに大好評に。気が付くと原料の酒かすが底をつき、やむなく新酒の時期だけの限定商品となった。

封を切った瞬間に立ちのぼる、酒かす独特の香りだけでもほろ酔い気分が楽しめる。焦がしバターと卵の風味、そして酒かすの香りが織りなす深みのある味わい。わずかに残る酒米が食感のアクセントとなっている。

新しい素材への挑戦を、「フランス菓子の基本」で臨んだ大川原さん。初心を忘れぬようにと、初めて勤務した店名を自分の店につけたというエピソードからも、彼のポリシーがうかがえる。

酒かすマドレーヌ 200円　＊お取り寄せ可

アミエル
住所…交野市私部4-50-5
最寄駅…京阪交野線交野市駅
電話…072-892-1636
営業時間…10:00~20:00
＊イートイン無し
休日…月曜
駐車場…有り（4台）

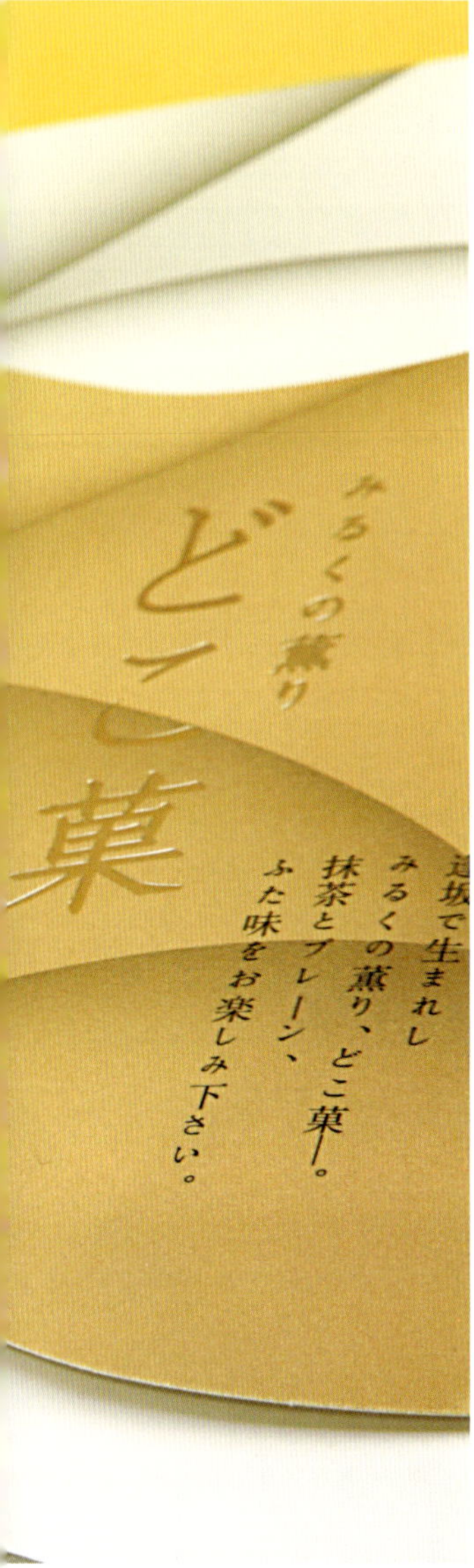

大阪市

パティシエが作る和風スイーツ

ムッシュマキノ 青の記憶／いつ菓 どこ菓

大阪府豊中市のロマンチック街道に本店を構える北摂マダム御用達の「ムッシュマキノ」は、府内屈指の有名スイーツブランドとして知られる。オーナーシェフの牧野眞一さんは自社店舗だけでなく、他社の商品開発やブランド設立も手がけるスイーツプロデューサーでもある。新ブランド「青の記憶」のコンセプトは「旅するお菓子」だ。

『いつ菓』と『どこ菓』は、パティシエが作る和菓子のような洋菓子。土産物としても重宝されそうな手軽なギフトボックスだ。『いつ菓』の『ショコラ』は、アーモンドやクルミ、ヘーゼルナッツなどの豆をココアとブレンドし、チョコレート風味に仕上げている。『フルーツ』はオレンジピールやレーズン、チェリー、アップル、イチジク、アプリコットなどの果実がたっぷり。どちらも、ナッツやフルーツの重層な味わいが変化に富んだ焼き菓子で、ホロホロと心地よい歯ざわりが楽しめる。

『どこ菓』は、見た目こそ和菓子の饅頭だが、中身は練乳の風味が効いたミルク餡。『プレーン』には小豆餡、『抹茶』には白餡が使われている。和三盆*のほんのり優しい上品な甘さが心に染みる。

「青の記憶」のオープン前日、牧野さんは「『いつ菓』『どこ菓』が『幸せの青い鳥』になって全国に飛び立つように」とスタッフを激励した。このネーミングには、過去の記憶、未来への予感、そして現在を自在に旅するようなお菓子にとの思いが込められている。

童話「青い鳥」では、幸せの青い鳥は旅に出て探しても見つからず、実はわが家にいたというお話だった。『いつ菓』『どこ菓』はそんな家族団欒に欠かせない、幸せの青い鳥かもしれない。

数々のコンテストで輝かしい成績を残した牧野さん。賞状やトロフィーは残していないが、その技量は次々に作り出されるスイーツが証明している。

いつ菓 945円（6個入） どこ菓 840円（6個入） ＊お取り寄せ可

ムッシュマキノ 青の記憶
住所…大阪市北区角田町8-7 阪急百貨店梅田本店B1F
最寄駅…JR大阪駅、阪急・阪神・地下鉄各線梅田駅3番出口
電話…06-6313-0205
営業時間…10:00~21:00
＊イートイン無し
休日…阪急百貨店梅田本店に準ずる
駐車場…無し
URL:http://www.m-makino.com/

大阪市

粟おこし おしゃれで鮮烈に

あみだ池大黒 pon pon Ja pon／pon pon coco

彩り豊かなパッケージに期待感が高まる。「pon pon Ja pon」は1805（文化2）年創業の和菓子メーカー「あみだ池大黒」が展開している新ブランド。大阪土産として根強い人気の「粟おこし」をもっと食べやすく、おしゃれにと考案されたのが『pon pon coco』だ。名前も外見もポン菓子を連想するが、まったく別物で、四角形で生姜《しょうが》味の「おこし」のイメージから見事に脱却した。落ち着いた和菓子売り場の中にポップな空間を演出した意外性が当たり、若い女性客が列を作る人気ぶりだ。

　原料は粟おこしと同様に米。蒸したご飯を乾燥させせたあと煎って少しふくらませる。米そのものから作るポン菓子との大きな違いはこの部分。ご飯とおかきの間ぐらいのふくらみ具合に調整することで、ご飯の味を残しながらおかきの食感も楽しめる。

　それぞれの味付けは、風味と食感がベストのバランスになるよう工夫されている。『ドライフルーツ』はパインやレーズンの果肉がたっぷり入り、甘酸っぱさが口の中に広がる。『アーモンドカフェ』は香りを立てるために、数種類のナッツを煎ってから混ぜている。『ほろにが抹茶』には上等の抹茶がたっぷりふりかけられている。どれもガツン！　とパンチの利いた、鮮烈で濃密な味と香りだ。

　ポリポリッとした歯応えが心地よく、噛むほどに口の中で香りが広がっていくのが楽しい。米菓特有の風味と溶け合い、のどの奥でふわりと立ちのぼる香気。と、そのとき、色とりどりのパッケージの魔力にひかれて自然と次の袋を開けたい衝動にかられてしまうのだ。

　「季節感のある種類をもっと増やし、年中楽しめるお菓子に」と開発を担当した専務の小林昌平さん。打ち出の小づちのごとく生み出されるさらなるアイデアに期待したい。

pon pon coco 1,348円（3個入）、2,595円（6個入）、3,841円（9個入）　＊お取り寄せ可

あみだ池大黒 pon pon Ja pon
住所…大阪市中央区難波5-1-5
髙島屋大阪店B1F
最寄駅…地下鉄・南海各線なんば駅、
近鉄各線大阪難波駅
電話…0120-36-1854
営業時間…10:00~20:00
＊イートイン無し
休日…髙島屋大阪店に準ずる
駐車場…無し
URL:http://www.ponponjapon.com/

寝屋川市

和菓子屋のこだわりパイ

菓匠 香月《こうげつ》／餅パイ

寝屋川市の成田山不動尊の門前にある「菓匠香月」は1969（昭和44）年の創業。この年に誕生し、現在社長を務める2代目の中村誠二さんは高校を卒業してから、泉州の有名菓子店「青木松風庵」で4年間修業し、店に入った。のちに工場が手狭になったため新しい店舗を探すことになったとき、中村さんは師匠である「青木松風庵」の青木啓一社長に相談した。青木社長は付近の地図を見て「これは何や?」と、成田山不動尊を指した。中村さんが地元の有名な寺であることなどを説明すると、「それなら、ここを中心に物件を探しなさい」とアドバイス。門前にあったせんべい店から好立地の物件を譲り受けて営業を始め、菓子を売り出したが、当初はお客さんから「せんべいないの?」と言われ続けたという。

『餅パイ』の製法は青木社長から伝授された。パイ生地は144層の手織りで、生地の温度を芯まで一定にして薄く均一に伸ばすことにより、焼くとしっかり膨らみ、サクッとした食感が生まれる。

味の決め手は自家製の粒餡だ。北海道の襟裳《えりも》小豆を不純物の少ない白双糖《しろざらとう》で毎日炊き上げて使用している。「小豆の味を最もシンプルに引き出してくれる砂糖を選びました」と中村さん。中の求肥《ぎゅうひ》餅は砂糖が控えめで、お餅に近い味わいとやわらかさを保っている。

発売から約1年後、全国ネットのテレビ番組で紹介されたのを機に爆発的に売れ、対応に大わらわの日々が続いた。「睡眠2時間くらいで頑張りましたが、仕事に集中できず、他の商品が作りきれなくなって……。うちの商品は『餅パイ』だけじゃない、と1日の販売数を限定しました」と中村さん。こうした英断もあって、『餅パイ』はロングランのヒット商品となる。一時の売り上げに走らず、細く、長く、の地道な選択が顧客の信頼度を上げる結果となったのだ。

餅パイ 189円、945円(5本入)　＊お取り寄せ可

菓匠 香月
住所…寝屋川市成田町22-2
最寄駅…京阪本線香里園駅から京阪バス成田山不動尊前バス停
電話…072-835-3971
営業時間…8:30~19:00(祝日の月17:00)
＊イートイン有り(5席)
休日…月曜(祝日の場合は翌日)
駐車場…有り(5台)

大阪市

「始末」の精神がヒットを生む

長崎堂／カステララスク

長崎堂は、1919（大正8）年創業の老舗カステラ店。長崎で生まれた昔ながらの深く濃いカステラの味を今も守り続けている。しかし、軽さを求める昨今の需要に応えるため、従来のカステラの味はそのままに、食感のみを軽くした商品を開発した。そんな『カステララスク』は長崎堂に根ざした「始末」の精神から生まれたヒット商品だ。

もともとは「もったいないから」とカステラの切れ端をラスクにしていたが、売れ行きの伸びとともに、切れ端だけでは材料が足りなくなった。今ではラスクのためのカステラを焼いているそうだ。

カステララスクを考案した荒木貴史社長は、ラスク用の専用オーブンなど、カステラ製造の機械とは全く違う新たな環境を整え、覚悟を決めた上で商品化に臨んだ。

荒木さんは大学でデザインを学んでいるときに、長崎堂相談役の長女で、同級生だった志華乃さんと学生結婚。自らの進むべき道を固めた2人は、卒業制作として自社のパッケージデザインを手がけ、のちに新ブランド「黒船」を立ち上げた。従来の「カステラ屋さん」とは一線を画す「黒船」の店舗やパッケージはデパートの売り場でひときわ目立ち、人気ブランドとなった。

しっとりほろりと口当たりは新鮮な食感だ。スティック状の形も食べやすく、サクサクとリズミカルに口の中へ入り、一瞬にして弾けるように広がっていく。カステラの上品な卵のコクが、思いもよらないラスクの食感とともに広がり、そして消えゆくさまはまるで線香花火のよう。ふんわりとしたカステラの食感も鮮明に蘇《よみがえ》り、今度はカステラが食べたくなる。

パッケージの小缶が魅力的だ。いずれ一家に一つは必ずある定番の小物入れのような存在になるかもしれない。しかし、どんなに斬新なアイデアが商品やパッケージに盛り込まれても、カステラというお菓子の範疇《はんちゅう》を外れることは決してない。長崎堂はカステラのブランドなのだから。

カステララスク 630円(70グラム)、1,050円(140グラム)　＊お取り寄せ可

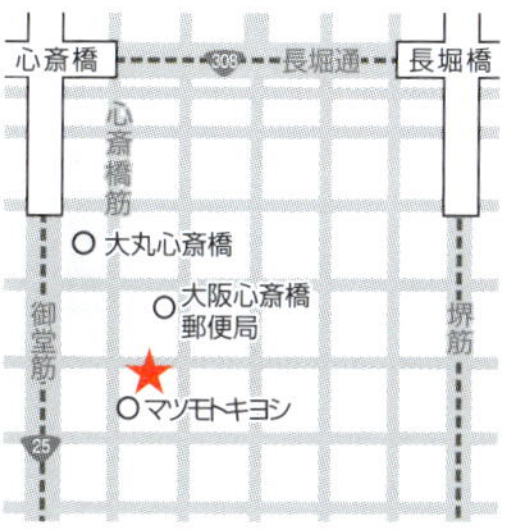

長崎堂
住所…大阪市中央区心斎橋筋2-1-29
最寄駅…地下鉄各線心斎橋駅6番出口
電話…06-6211-0551
営業時間…10:00~18:00
＊イートイン有り(10席)
休日…不定休
駐車場…無し
URL:http://www.nagasakido.com/

堺市

一子相伝を貫く唯一無二の餡

かん袋／くるみ餅

「かん袋」の創業は鎌倉時代の末。現店主の今泉文雄さんは27代目に当たる。風情あふれる店内に足を踏み入れた瞬間、昭和の記憶が蘇る。少し湿り気を帯びてひんやりとした甘味処の空気感だ。驚いたことに、この店の商品は『くるみ餅』のみ。白い餅を鶯《うぐいす》色の餡でくるむから『くるみ餅』。胡桃《くるみ》は入っていない。餡の材料は企業秘密で、製法も一切公表していない。この秘密が守られたのは一子相伝なればこそ。職人は雇わず、今も今泉さんが1人で手作りしている。

室町時代、日明貿易でもたらされた「あるもの」が緑色の餡の正体だ。これをすり潰して餡を作り、ひと口大のやわらかい小さな餅にくるんである。商品数を増やさない理由について「これより美味しいものができないから」と今泉さん。完成された歴史あるお菓子はそうやすやすとは変えられない。同じものを作っているように見えても、実は同じことの繰り返しではない。もともとは塩味だったものが、砂糖が日本に渡来し、流通するようになってから、甘くなったのだ。餅米や「あるもの」といった材料の性質や滋味も、時代とともに変化したに違いない。それぞれの時代の人の口に合わせ、「美味しい」を持続させることこそが、このお菓子の伝承にほかならない。

しっかりと甘く濃厚な餡の旨みが、口の中で餅米の風味と混ざり合う。とろんとした食感の中に時々「あるもの」のかけらに出会う。餅のふんわりした弾力を楽しみつつ、舌先で餡をからめてよくかんでいると、やがて一体化してさらに旨みを増す。ひと口目の爽やかな緑の香りは豆由来なのか？　葉から出たものか？

このお菓子を食べる人が、それぞれ持っている味覚のライブラリーの中から緑色の「あるもの」に思索を巡らせ、思い思いのイメージで清涼感を味わってほしい。何とも不思議で楽しい味は、また食べたくなる逸品だ。

くるみ餅 350円(1人前)、1,050円(持ち帰り用2人前)

かん袋
住所…堺市堺区新在家町東1丁2-1
最寄駅…阪堺電気軌道阪堺線寺地町電停
電話…072-233-1218
営業時間…10:00~17:00
＊イートイン有り(40席)
休日…火曜・水曜
駐車場…有り(30台)
URL:http://www.kanbukuro.co.jp/

堺市

生地と餡 室町から伝わる技

本家小嶋／芥子餅《けしもち》

室町時代、諸外国との貿易港として栄えた堺で貿易を生業《なりわい》とし、アジア諸国から漢方薬を輸入していた小嶋家。それらを使ってお菓子を作り始め、これが茶席で受け入れられたのが今日まで続くロングセラー『芥子餅』だ。創業は室町時代の1532（天文元）年。現在は20代目となる小嶋功勝《のりかつ》さんが、代々店主の名である「小嶋吉右衛門」を継承している。堺ゆかりの茶聖・千利休も好んだとされ、著名人のファンも多い。店内の暖簾《のれん》の上に掲げられた大きな額はラストエンペラー愛新覚羅《あいしんかぐら》溥儀《ふぎ》の秘書官長、荘炳章《しょうへいしょう》の書である。溥儀《ふぎ》は荘《しょう》を通じてこのお菓子を入手していた。包装紙は夏目漱石の「吾輩は猫である」の挿絵画家として有名な中村不折の作だ。阪急グループ創始者の小林一三もファンの一人だったという。

直径4センチの丸い餅。丹念に練り上げた、ほんのり甘いこし餡がきめ細やかな求肥で包まれ、芥子の実がまぶされている。白く粒のそろった芥子の実が、表面に均一感を作り出している。適度な甘みが施された生地と中の餡が絶妙な調和を保ち、これを生み出す技が室町時代からの伝統の秘法とされている。

プチプチとした食感の芥子の実が、香ばしさと歯ざわりの良さを加える。餡が程よいやわらかさに仕上げられ、一緒に食べるとすぐさま生地と一体化する。やがて芥子の実からあふれ出すまろやかな脂質が生地に浸透すると、口溶けの良さが加速する。箱売りにはニッキ味の餅も入る。ニッキ特有のくせのある香りだが、食べてみると意外に気にならない。こし餡に清涼感を与え、軽い口当たりが何ともすがすがしく、あと味もさっぱりしている。小嶋さんは30歳を過ぎるまで大学で応用科学の研究をしていた。芥子餅の美味しさの秘密や薬効について科学的に説明できるはずだが、おくびにも出さない。20代目吉衛門に求められているのは永遠不変の味の伝承であり、菓子作りへの真摯な姿勢なのだ。

芥子餅 115円、2,047円（15個入）、2,677円（20個入）　＊お取り寄せ可　＊冬季限定

本家小嶋
住所…堺市堺区大町西1-2-21
最寄駅…南海本線堺駅南出口、
阪堺電気軌道阪堺線宿院電停
電話…072-232-1876
営業時間…9:00~17:00
＊イートイン無し
休日…月曜
駐車場…無し

大阪市

関西風甘だれの口溶けが絶妙

千鳥屋宗家／みたらし小餅

ちょうど、みたらし団子を逆にした構造。ひと口サイズの小さな餅の中にみたらし団子のタレが入っている。この商品を発案したのが千鳥屋宗家の原田太七郎社長だ。「みたらし団子は美味しいけれど、串に刺しているため、上品に食べたい人には敬遠されがち。口元が汚れるのを気にせず食べてもらえる方法はないか」と、考えていたときに思いついたという。

国内産の上質な米粉に水を加えて蒸した生地をつき、さらに蒸し上げる。シンプルなだけに、その食感が重要だ。やわらかすぎず、かといって冷めても硬くならないよう配慮されている。

千鳥屋の歴史は古く、1630（寛永7）年に遡る。創業者の原田家はもともと長崎の出島を守る武士だったが、副業としてボーロやカステラなどの南蛮菓子を作っていたという。

明治期に博多へ移り、カステラの生地に白餡を包んだ『千鳥饅頭』を発売、一躍人気が出て名の通った菓子屋となった。

「長い伝統は技術を高めるだけではなく、それを発揮できる良い材料を得ることにつながった」と原田さん。粉や砂糖、醤油などの作り手との間に長い時を経て、信頼関係が築かれた。例えば、粉は石臼で挽いた米粉を新鮮なうちに直送してもらって使用している。まさに絹ごしのなめらかさ。簡単に手に入る材料ではない。

中のタレは甘さと辛さをまろやかに調和させた配合。とろみが強い外がけのタレよりもサラサラに仕上げたことで、口溶けが絶妙のタイミングになる。タレが口の中に素早く広がったかと思うと、すぐに餅と一緒に心地よく溶けていく。タレを餅の中に入れたことで、とろみを優先させる必要がなくなったためだ　外でいただく庶民的なイメージのみたらし団子から、格調高いお茶菓子に生まれ変わった『みたらし小餅』。原田さんの信念が、お菓子の格をも押し上げたのだ。

みたらし小餅 650円（12個入）　＊お取り寄せ可

千鳥屋宗家
住所…大阪市中央区本町3-4-12
最寄駅…地下鉄各線本町駅3番出口
電話…06-6261-0303
営業時間…8:30~20:00（土祝9:00~18:00）
＊イートイン有り（45席）
休日…日曜
駐車場…無し
URL:http://www.chidoriya.jp/

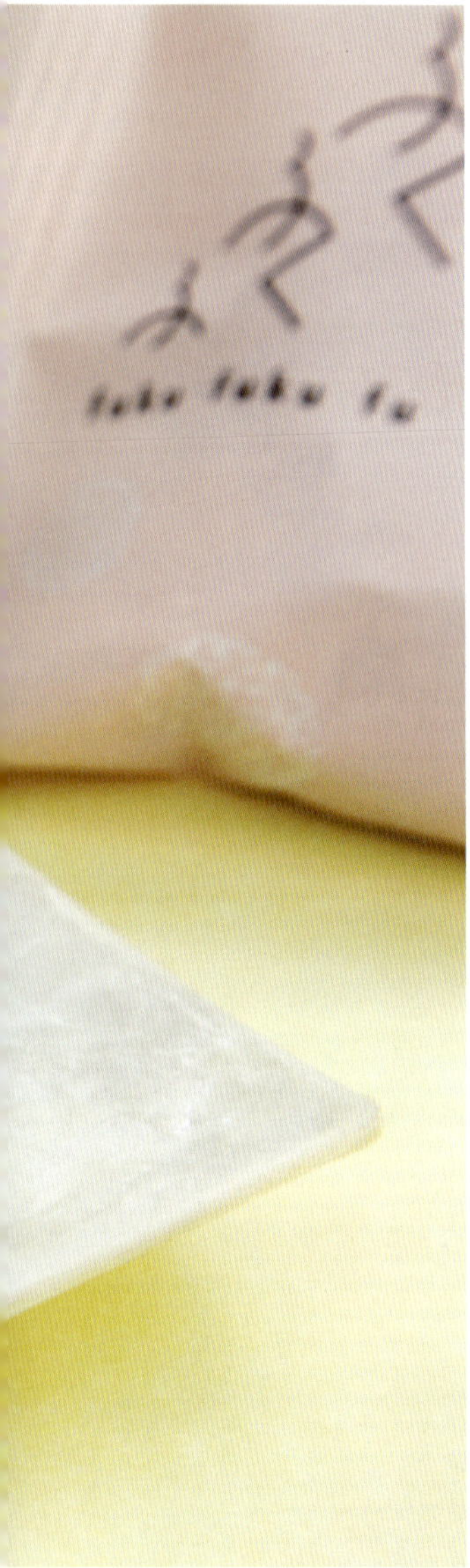

大阪市

練り込まれた餡の存在感

福壽堂秀信 宗右衛門町店／ふくふくふ

「年々進んでいく和菓子離れを何とかしなければ、という一心でした」。

1948（昭和23）年、大阪・宗右衛門町で創業した「福壽堂秀信」の製販統括部の高木祐二本部長が振り返る。

平成の時代に入り、生菓子中心だったラインナップを見直し、洋菓子感覚の新商品開発に当たった。そんな経緯で誕生したのが、見た目もきれいな色彩の丸い蒸しケーキ。割っても中から自慢の餡は出てこない。生地に練り込まれているのだ。この一風変わったお菓子の名は『ふくふくふ』。店名から「福」の文字を取り、「大阪の街からみなさんに福を届けたい」との思いを込めて名づけられた。

発売当初から話題となり、縁起の良いネーミングと相まって手土産の定番となった。餡は和菓子の命。「福壽堂秀信」は製餡から自社で行うため、それぞれのお菓子に合った餡を作る。まさに命を吹き込むのだ。

『ふくふくふ』の生地に練り込まれた餡は、その風味や食感を最良の状態に保つよう工夫されている。小豆を炊いて皮を取り除き、細かく粉砕したものをさらにじっくり炊き上げる。餡を生地の中に違和感なくなじませ、自然な存在感を持たせるための欠かせない工程だ。

生地は、小麦粉と米粉を半々に混ぜて蒸し上げている。この生地に餡を練り込むからこそ、口の中ですぐさま溶け出す洋風ケーキのスポンジとは異なった、しっとりとした舌触りが生まれる。さらに、洋のテイストであるバターのコクをアクセントに取り入れたことで、餡の切れが際立っている。まさに和洋の垣根を飛び越えたスイーツである。饅頭なのに、割ったときに中から何も出てこない意外性が手土産の楽しみに。洋菓子のようなパッケージも新鮮な驚きだ。

国産抹茶を使用した『抹茶』も定番商品。季節により『イチゴ』『マンゴー』『ショコラ』も人気だ。

ふくふくふ 各168円、マンゴー 189円　＊お取り寄せ可

福壽堂秀信 宗右衛門町店
住所…大阪市中央区宗右衛門町3-14
最寄駅…地下鉄各線日本橋駅、
近鉄難波線日本橋駅2番出口
電話…06-6211-2918
営業時間…9:00~21:30（祝18:00）
＊イートイン無し
休日…日曜
駐車場…無し
URL:http://www.fukujudo-hidenobu.co.jp

重厚な洋素材 白餡で調和

青木松風庵／月化粧

月化粧 780円(6個入)、1,260円(10個入) ＊お取り寄せ可

増加するアジアからの観光客に喜ばれるお菓子として開発された『月化粧』。土産物として販売する都合上、日持ちがしなくてはならない。日持ちのする餡は硬くなりがちだが、バターを入れることでなめらかさを維持できる。

色よく焼き上がった皮の中に、インゲン豆の白餡、練乳、蜂蜜、さらにバターを練り込んだ、とろみのある餡がぎっしり詰まっている。それが香ばしい皮と一緒になると、まるでシロップがたっぷりしみ込んだホットケーキのよう。練乳の優しい甘味がバターのコクと重なり、口の中でとろけ出す。焼饅頭のイメージをくつがえすしっとりまろやかな舌触りは、従来の饅頭ファンとは違う若い層にも支持されている。当初は外国人をターゲットとした和菓子だったが、思いがけず地元の若年層を中心に好評を得てヒット商品となった。

この餡と生地のレシピを考案したのは社長の青木啓一さん。普段から料理も得意という青木さんは「不要なものを限りなくそぎ落として素材の良さを最大限に引き出す和食、素材同士の組み合わせで新たな美味しさを作り出す洋食の、それぞれの精神はお菓子作りにも通じる」と語る。バター＋練乳＋粉乳の濃厚になりがちな洋素材の組み合わせを、すっきりとした白餡で調和させた。長年の経験から編み出した和魂洋才のみるく饅頭だ。

青木松風庵
住所…阪南市鳥取425-1
最寄駅…南海本線鳥取ノ荘駅
電話…072-472-2007
営業時間…9:00~19:30
＊イートイン有り(15席)
休日…元日
駐車場…有り(20台)
URL:http://www.shofuan.co.jp/

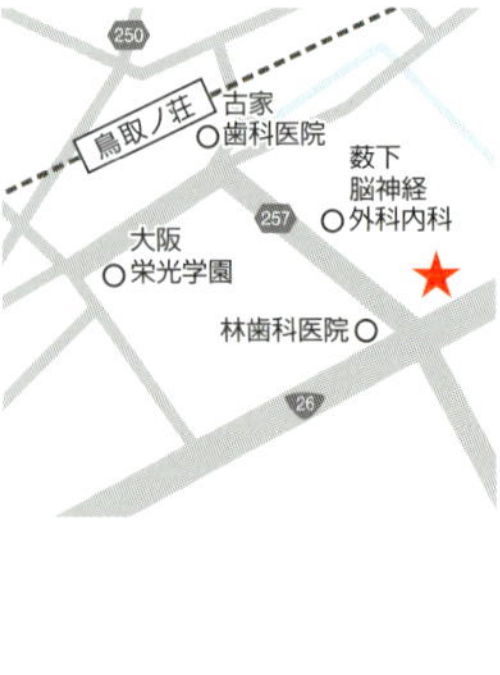

大阪市

チン、トン、シャンで、まろやかに

夢操庵《むそうあん》／大阪都まんじゅう

大阪都まんじゅう 50円　＊お取り寄せ可

チン、トン、シャン……。高く澄んだ金属音が心地よく響く店内で焼き上げられる『大阪都まんじゅう』。リズミカルな音を奏でるのは、饅頭の金型だ。回転しながら次々と焼き上がる光景をガラス越しに見ることができる。天神橋筋商店街に2012（平成24）年5月にオープンした和菓子店「夢操庵」。専業主婦だったオーナーの西谷操さんは、郷里の四国にいる旧友からもらった松山の『都まんじゅう』に心が揺れ、「この美味しさをぜひ皆さんに知ってほしい」と、自ら店を始めた。

*

和三盆のまろやかな甘味が生地全体を包み込んでいる。中の白餡もやわらかく炊き上げ、ひと口でいただくと生地となじみ、ちょうど良い口溶けになる。

店を始めてから、同様の饅頭が日本全国津々浦々にあることを客から知らされた。買いに来た人たちが懐かしい郷里のことを話題に会話が弾む。天神橋の地にちなみ、天神さんの梅鉢の紋が使えないかと天満宮へお願いに行って、快諾された。「不思議なご縁が重なり店を開くことができました」と言う西谷さんを支えているのは最愛の家族だ。人間関係が希薄になっている現代、この小さな『都まんじゅう』が大阪の人の手から手に広まり、沢山の会話と愛情をもたらす架け橋になってほしい。

夢操庵
住所…大阪市北区天神橋3-8-18
最寄駅…JR環状線天満駅、
地下鉄堺筋線扇町駅4番出口
電話…06-6356-5800
営業時間…11:00~19:00
＊イートイン有り（3席）
休日…火曜・第4月曜
駐車場…無し
URL:http://www.kansaisweets.com/musoan/

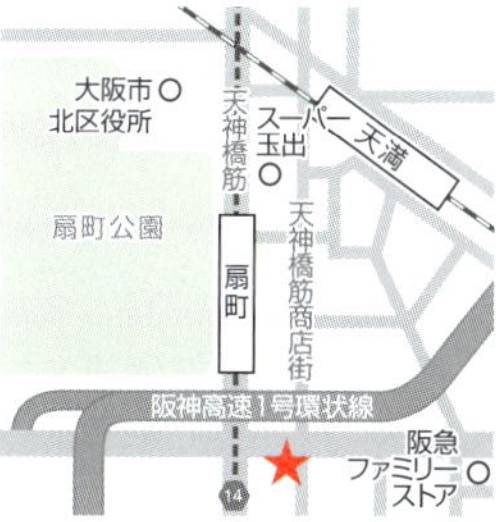

大阪市

不器用に、器用に、味守る

髙砂堂／名代きんつば

六面体のきんつばが誕生したのは明治時代のこと。髙砂堂の創業者が大阪の老舗菓子店で修業中に仲間数人と開発した。生産効率を上げ、作りやすくて食べやすい庶民の味を追求し、苦心の末に完成させたのだ。東京や京都で売られている丸い形状のきんつばから変形させたものである。

つぶ餡を寒天で固めてようかんのように切り、六面体の一面ずつに衣を付けては銅板で手焼きする。複雑化する和洋菓子の中で、限りなくシンプルなお菓子の一つだ。4代目社長の渥美裕久さんは「材料も製法も合理化しない不器用さが、長年にわたって皆さまのご愛顧をいただいている理由だと思います」と語る。

餡は北海道の小豆を水に漬けて選別し、ザラメ糖を加えて鋳鉄の鍋でじっくりと炊き上げる。これを固める寒天は、江戸時代からの名産地・京都府亀岡市に今も残る寒天商が厳選した季節に合うものを使う。衣の生地に使う小麦粉は、大手メーカーの安定した品質のものを、生地に弾力をもたせるタンパク質（グルテン）を出し切るまで練り、さらにその先の生地が緩むところまでしっかりと練る。これにより薄くても破れず、のびのあるしなやかな生地ができるのだ。素材から製法、道具に至るまで老舗ならではのこだわりがある。

「小豆の風味をどこまで残すかが、味の決め手です」と渥美さん。ザラメ糖によってさっぱりとキレの良い甘さに仕上げられ、程よい水分を保持して固められた餡には豆の純朴な香りが封じ込められている。焼くことによる香ばしい香りもアクセントとなり、もっちりした皮としっとりとした餡が口の中で最良の状態となる。渥美さんの代になってからは、紫芋、桜、抹茶など、季節のきんつばも積極的に開発している。老舗の味を守り抜き、次世代へとつなぐためのたゆまぬ努力もさることながら、実は器用に時代を生きるＤＮＡが息づいている。

名代きんつば 137円、483円(3個入)、819円(6個入)　＊お取り寄せ可

髙砂堂
住所…大阪市西区西本町1-7-7
最寄駅…地下鉄各線本町駅27番出口
電話…06-6531-4571
営業時間…8:00~19:00(土9:00~18:00、日祝9:00～17:00)
＊イートイン無し
休日…無し
駐車場…無し

大阪市

香ばしさを連想させる焼き色

住吉菓庵 喜久寿／名物どら焼

例年、200万人以上の初詣客が集う大阪の「住吉《すみよ》っさん」こと住吉大社。かつてはすぐそばまで海が迫り、「住吉津《すみのえづ》」と呼ばれる港が形づくられていた。60年前の創業以来、この地で営業を続けてきた「住吉菓庵 喜久寿」は、住吉津の船が出航の合図に使った銅鑼《どら》にちなみ、昭和30年代のはじめに『名物どら焼』を売り出したという。当時の和菓子は、もなかやようかんなどが中心だったが、お土産品として誕生した。

『名物どら焼』は、住吉界隈《かいわい》の人たちや住吉大社を訪れた参詣客の口コミの力で、知名度を上げていった。材料は、小麦粉と卵に砂糖、そして小豆など。素材選びは世間の評価ではなく、生地と餡の完成度を高めることを優先させている。

高い材料をふんだんに使って高価なお菓子を作っても、大阪でそれが売れるとは限らない。「その商品にそれだけのお金を支払う値打ちがあるかどうか」という価格と品質のバランス。大阪の和菓子の原点がここにあるといえそうだ。

表面は、素焼きの陶器のようにマットなツヤのない焼き上がり。やや濃いめの焼き色が、生地の香ばしさを連想させる。割ると中から、隠し味に使われている醤油の香りが立ちのぼり、食欲をそそる。断面は霜柱のようなきめ細かな造形になっており、ふっくら、もっちりした食感を出している。餡は他の製品とは別に、どら焼用に炊く。やわらかく水分量が多いのが特徴だ。朝から炊いた餡は翌日用として1日寝かすことで、深みとまろみが出る。焼き上がった生地に挟むと、餡の蜜が少ししみ込み、生地の味わいに変化をつける。栗の甘露煮も重要なアクセント。とろんとした食感のなかに、心地よい歯応えが楽しめる。

ちなみに栗は、割れ栗を使っている。あとで刻むか、最初から割れたものを使うか。これも値打ちのある選択に違いない。

名物どら焼 150円、1,050円（6個入）、2,000円（12個入）　＊お取り寄せ可　＊10月中旬～5月頃まで

住吉菓庵 喜久寿
住所…大阪市住吉区東粉浜3-28-12
最寄駅…南海本線住吉大社駅、阪堺電気軌道阪堺線住吉電停
電話…06-6671-4517
営業時間…9:00~19:00
＊イートイン無し
休日…不定休
駐車場…有り（3台）
URL:http://www18.ocn.ne.jp/~kikuju/

大阪市

子どもの頃に思いを馳せる

太郎本舗／くいだおれ太郎の人形焼き

道頓堀にある「くいだおれ人形」は一日中観光客に囲まれている人気者。そのすぐ隣にある土産物店「いちびり庵」の一角に「くいだおれ太郎」の公式グッズを集めたコーナーがある。

食堂ビル「くいだおれ」は２００８（平成20）年に閉店したが、キャラクターの「くいだおれ太郎」は街のシンボルとして残った。数年前、人形焼きを作る話が持ち上がり、営業部長の福岡武志さんは商品化のパートナーに名乗りを上げた。かつて大阪の老舗米菓店、饅頭店の社長らと共同でたい焼きを開発、販売した経験があったからだ。

大阪の新しい名物にしたい。行き交う人々が気軽に買って食べ歩きできるようにしよう。こうした思いから、くいだおれ太郎の人形焼きが誕生した。

「『ヘタは取らんといて』とよく言われるんです」と福岡さん。本来なら形が重要な人形焼きだが、はみ出た部分は見るからに美味しそうで、芳ばしい焼きたての香りと相まって、思わず言葉に出るのだろう。

子どもからお年寄りまで誰もが安心して食べられるものにしたいと考えた福岡さん。「水を入れたら原価は下がるが、味が落ちる」といったプロの意見を素直に受け入れ、牛乳のみで生地を作ることにした。単純なものだからこそ食べ飽きない工夫が必要だ。甘さを控えるために砂糖を極力控え、蜂蜜で優しい甘味とコクを加えた。

その結果、生地の乾燥を抑えることができ、やわらかい口溶けが生まれた。優しいミルクの味わいが口の中いっぱいに広がると気持ちまで穏やかになり、ほんわかと子どもの頃に引き戻されるかのようだ。

「ありとあらゆる人形焼きを食べ歩きましたが、うちのが一番美味しい」と福岡さんは胸を張る。自ら生み出した味を「くいだおれ太郎」とともに大切に守り続けてほしい。いい匂いにつられて家族連れが集まってくる。それはまさしく道頓堀の原形だ。

くいだおれ太郎の人形焼き 300円(5個入)、500円(10個入) ＊500円のみお取り寄せ可

太郎本舗
住所…大阪市中央区道頓堀1-7-21
最寄駅…地下鉄各線なんば駅14番出口
電話…06-7652-9164
営業時間…10:00~22:00
＊イートイン無し
休日…無し
駐車場…無し
URL:http://www.ichibirian.net/

東大阪市

生地とクリームで千変万化

播彦《はりひこ》／澪々《みをみを》

創業160年の歴史を刻む老舗せんべいブランド「播彦」の6代目社長、野村泰弘さんは「長年お世話になっている大阪の皆様に感謝し、大阪にちなんだお菓子を」との思いから、今までにない洋風せんべい作りに着手した。

洋風せんべい自体は35年ほど前からあり、チーズやチョコレートなどを薄焼きせんべいに練り込んだのが始まりだ。「のれんは守るものではなく興すもの」という先代からの教えが生んだ商品だった。時代は高度経済成長期を過ぎた円熟期。人々の生活様式や嗜好が「洋」にシフトした状況を捉えた快作だった。

『澪々』はその進化形といえる商品。「大阪」という大きなテーマを据え、見て美しく、食べて美味しいお菓子を目指した。

工夫を凝らしたのはせんべいの生地。生地自体に抹茶やアーモンドなどの味を持たせ、異なる味のクリームを組み合わせることで、味に大きな変化が生まれた。『抹茶』には、ベルギー産のホワイトチョコレート。抹茶のチョコレートは定番だが、それをせんべいで表現したのである。濃厚なホワイトチョコレートの風味に、少し遅れて抹茶が香り立つ。『アーモンド』にはミルククリーム。ミルクのコクとアーモンドの香ばしさがぴったり合っている。生地にフレーバーを練り込んで焼き上げるには高度な技術が必要だ。生焼けになったり焦げ付いたり、試行錯誤を繰り返しながらそれぞれの配合や焼き方を見つけていった。そして、技術と並んで焼き上がりを左右するのは卵の品質。播彦では毎朝届く新鮮な卵を自社で割って使っている。

商品名に、大阪とゆかりの深い「澪」を冠し、せんべいの表面には「OSAKA」の文字を刻んだ。「わびぬれば今はた同じ難波なるみをつくしても逢はむとぞ思ふ」と、百人一首にも詠われた「澪」。大阪への深い思いが込められている。

澪々 683円(8袋入)、1,050円(12袋入)　＊お取り寄せ可

播彦
住所…東大阪市稲葉2-2-22
最寄駅…近鉄奈良線河内花園駅
電話…072-964-1414
営業時間…9:00~19:00
＊イートイン無し
休日…1月1、2日
駐車場…有り(6台)

大阪市

口の中でホロリ、懐かしい味

文楽せんべい本舗／文楽せんべい

大阪発祥の伝統芸能「文楽」は大阪を象徴するモチーフとしてよく使われる。『文楽せんべい』は文楽人形の首《かしら》の焼き印が入ったせんべい。「1950（昭和25）年、芝居好きだった創業者が『大阪名物を作りたい』と考案しました」と3代目で常務の村上弘平さん。当時人気だった日本美術院の日本画家、仙波久栄氏（故人）の原画を焼き印に用い、オリジナル商品としてこの店の看板となった。

見た目はいたってシンプル。新鮮な卵と小麦粉、砂糖、蜂蜜を練り合わせた生地を1日寝かせ、焼き上げただけの素朴でクラシカルなせんべいだ。パリン！と、しっかりした歯ざわりを感じた直後、口の中で一瞬にしてホロリと潤《ほと》びていく。そのコントラストが実に心地よい。卵と蜂蜜が醸し出す懐かしい風味は、カステラに通じる趣だ。

時を経ても変わることなく、庶民的な味わいのまま今に受け継がれてきた。添加物を含まないこのスタイルこそが、現代人のニーズにピタリとマッチしている。村上さんは、長い歴史を持つお菓子を後世に引き継ぎ、さらには文楽をより発展的に保存するため、若い英知と感性で『文楽せんべい』と向き合っている。2012（平成24）年には、「大阪産《もん》名品」の一つに選ばれた。

せんべいは水分が少ないと焼き上げが難しいといわれるが、『文楽せんべい』は水を一滴も使わずに卵をたっぷり入れ、さらに表面の焼き印をきれいに見せるため、その焼きかげんには細心の注意を払う。「熟練した職人ですら気は抜けない。季節や天気によって生地の練り具合や火加減を細かく調整する」と、村上さん。

演目の「さわり」の部分を表面に記した『さわり集』は卵の黄身だけを使用。少し分厚くて歯触りがやわらかく、一層濃厚な味わいだ。文楽の演目や登場人物の話が弾み、一枚、また一枚と、つい手がのびる。

文楽せんべい かしら集 630円、さわり集 680円　＊お取り寄せ可

文楽せんべい本舗
住所…大阪市生野区新今里1-17-5
最寄駅…近鉄各線今里駅
電話…06-6752-6356
営業時間…9:00~17:00
＊イートイン無し
休日…日曜・祝日
駐車場…無し
URL:http://www.homepage3.nifty.com/kasho-bunraku/

「ちはやふる」10種類の彩

箕面雅寮《みのおがりょう》／かるたあそび

かるたあそび 525円（115グラム）〜、3,150円（610グラム）　＊お取り寄せ可

日本人なら誰もが幼少期から目にする小倉百人一首は、最もポピュラーな古典文学といえる。その文化的価値に着目し、米菓のギフトにした。もともとは中高年の顧客層が主たるターゲットだったが、百人一首を題材としたアニメが人気となり、このブームに乗って若年層からの大きな支持を得たのだ。

米菓はひと口サイズの10種類。宇治抹茶を使用し、香り高い茶の風味をまろやかな甘味で際立たせた『抹茶』や、あとからふわりと広がる紫芋独特の旨みを赤ワインのかくし味で引き出した『紫いも』は甘党にはたまらない絶妙のさじ加減だ。米菓独特の香ばしくて懐かしいお米の風味をしっかりと残しつつ、〝パリポリッ〟と心地よい食感とともに、それぞれの味の根底に流れる和の心になごまされる。

米菓の袋には京都の日本画家がオリジナルに描き下ろした小倉百人一首のイラストが印刷されていて、袋の表には上の句が、そして裏に下の句が記載されている。「この歌の下の句は？」「あの歌の袋は？」と、ついついかるたを読み上げるかのごとく手にとってしまう。

箕面雅寮
住所…箕面市坊島1-2-53
最寄駅…阪急宝塚線石橋駅から阪急バス芝西バス停
電話…072-725-2000
営業時間…10:00~18:00
＊イートイン有り（32席）
休日…1月1日〜3日
駐車場…有り（16台）
URL:http://www.ogurasansou.co.jp/

旬の野菜をそのままに

豊下製菓／なにわの伝統飴野菜

なにわの伝統飴野菜 1,050円（12個入） ＊お取り寄せ可

色合いから姿かたちまで、きわめて精巧に再現された飴細工はまるでフィギュアのよう。しかし、本当にすごいのは、その味わいである。

1872（明治5）年創業の老舗、豊下製菓社長の豊下正良さんは13年前、久しぶりに天王寺蕪《てんのうじかぶら》を食べたとき、その深い滋味に改めて衝撃を受け、早速入手して試作を始めた。

食品添加物による人体への影響が問題視され始めた昭和40年代後半に、大学の農学部で学んだ豊下さん。卒業後同社に入り1年後には昭和初期から販売している『いちご飴』などに使われてきた合成着色料を天然着色料に切り変えることに成功した。以来、天然素材にこだわった飴作りを続けている。

「田辺大根」「勝間南瓜《こつまなんきん》」「毛馬胡瓜《けまきゅうり》」など9種類の「なにわの伝統野菜」を使用したオリジナル商品『なにわの伝統野菜飴』。一部の伝統野菜は自家栽培して最盛期に搾り、その汁で風味付けをしている。旬の野菜がまるごと飴になっているのだ。

『毛馬胡瓜飴』は表面のイボイボまで克明に再現され、舌触りもザラザラッとした胡瓜の皮そのもの。メロンにも似た味だが、鮮烈な野菜独特の青臭さが鼻に抜けると同時に、野菜が持つ甘味とほろ苦さが押し寄せる。

豊下製菓
住所…大阪市阿倍野区美章園2-13-3
最寄駅…JR阪和線美章園駅
電話…06-6719-4458
営業時間…9:00~17:00
＊イートイン無し
休日…土曜・日曜・祝日
駐車場…有り（2台）
URL:http://www.toyosita.com/

和三盆こんぺい 473円　＊お取り寄せ可

八尾市

和三盆の風味ゆっくりと

大阪糖菓／和三盆こんぺい

戦国時代にポルトガルから伝来したお菓子「コンペイトウ」。明治時代に保存が利く軍用の栄養補給食品として量産されるようになり、戦後の物資不足の混乱期に庶民のお菓子として復活した。大阪糖菓の社長、野村卓さんはコンペイトウの需要拡大のため自らが伝道師となり、本社や堺工場に開設した「コンペイトウミュージアム」でその歴史や製法について説明する。これが多くのメディアに取り上げられ、コンペイトウの名が多くの人々の記憶に蘇った。

コンペイトウは核となるグラニュー糖を直径1・8メートルの鉄釜に入れ、釜を加熱しながら回転させ、糖蜜をかけて徐々に形作っていく。9時間かけて大きくなるのは僅か1ミリ。

グラニュー糖を＊和三盆に置き換えてコンペイトウを作るには、核となる粒状の材料が必要だ。だが和三盆は粉状のため核にはできなかった。そこで、粉を粒にするために独自の技術を駆使して改良を重ね、和三盆から粒を作ることに成功した。

じっくり時間をかけて作られたコンペイトウは口の中でゆっくりと舌になじむ。ガリッとかみ砕きたくなる衝動を抑え、さらになめているとホロリッと溶けるように砕ける。たちまちやわらかい和三盆の風味とともに甘味が広がる。小さな星形のコンペイトウの一粒一粒にシンプルかつ鮮明な和三盆の記憶が刻まれていく。

大阪糖菓
住所…八尾市若林町2-88
最寄駅…地下鉄谷町線八尾南駅3・4・5番出口
電話…072-948-1338
営業時間…9:00~17:00
＊イートイン無し
休日…土曜・日曜・祝日
駐車場…有り（4台）
URL:http://www.osaka-toka.co.jp/

大阪の
サロン・ド・テで過ごす
ティータイム

ミスタ 420円、香りの紅茶 525円～

サロン・ド・テ・アルション／ミスタ

甘いタルトを香りの紅茶とともに

1986（昭和61）年創業当時のメニューが、お客さんの要望によって2013（平成25）年に復活した。この『ミスタ』の厚めのタルト生地は、アーモンドが入ってとてもやわらかい。その上に季節のフルーツがたっぷりのって、タルト生地に果汁がしみ込む、それがまた美味しいと常連さんは言う。

紅茶はフランス、ジョルジュ・キャノン社のものが約20種類。天然フレーバーを使った『香りの紅茶』は、スイーツの邪魔をしないソフトな香りと味でケーキに合うものをスタッフがすすめてくれる。カップはロイヤルコペンハーゲンのゴールデンサマー、ソーサーはウエッジウッドの白。サロン・ド・テの壁にかかる分部《わけべ》佳英《よしひで》氏の油絵は、季節ごとに掛け替えられ、ランチもある雰囲気のいい店だ。

サロン・ド・テ・アルション
住所…大阪市中央区難波1-6-20
最寄駅…地下鉄・南海各線なんば駅、近鉄各線大阪難波駅14番出口
電話…06-6212-4866
営業時間…11:30～22:00（21:30LO）
土11:00～22:00（21:30LO）
日祝11:00～21:30（21:00LO）
＊イートイン有り（34席）
休日…無し
駐車場…無し
URL:http://www.anjou.co.jp/shop/saronhouzenji/

本格フランス菓子をカジュアルに

サロン・ド・テ・コーイチ 真田山店／ミロワールカシス

ミロワールカシス 473円、紅茶 525円
※ケーキとドリンクはセットで100円引き

カシスのムースとバニラのババロアのとろける食感。しっかりした酸味のあとに現れる甘味。そして食べたあとのすっきりした感覚。『ミロワールカシス』は3段階で、食べ手にはっきりした印象を残す。

ロイヤルホテルで15年、リッツカールトン大阪の開業から製菓長を6年務め、フランスの名門料理学校ル・コルドンブルーで教授の資格もとったオーナーの齋藤耕一さん。一流のフィールドで鍛えあげた技術と材料を選ぶ目は確かだ。独立後も、そのレベル以上のスイーツを作り続けている。

子どもが多い地域柄、手軽に買えるクッキーや焼き菓子も多い。しかも10年前から値段は据え置きだ。カジュアルに、本格的なフランス菓子のティータイムが楽しめる。

サロン・ド・テ・コーイチ 真田山店
住所…大阪市天王寺区玉造本町8-18
酒井ビル1-1F
最寄駅…JR環状線玉造駅1番出口、地下鉄長堀鶴見緑地線玉造駅6番出口
電話…06-6762-0255
営業時間…9:00～20:00
＊イートイン有り（14席）
休日…無し
駐車場…無し

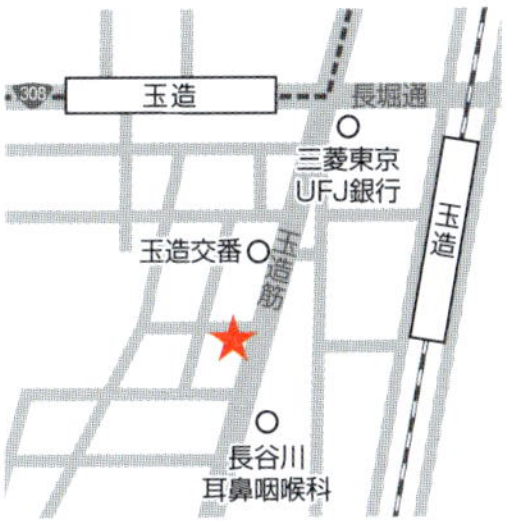

サロン・ド・テ・ベルナルド／マカロンピスタチオ

豪華なサロンで本物のケーキを

ケーキセット（マカロンピスタチオ）1,800円

　贅沢な気分が味わえる一流ホテルで、ティータイムに選ぶのはサロンでしか食べられないケーキ『マカロンピスタチオ』。ベルナルドのイメージカラーに合わせたパステルグリーンとホワイトの縞模様のケーキだ。ピスタチオ味のマカロンにサンドされているのは、ピスタチオのブリュレと脂肪分48％の生クリーム、そして丸ごとのラズベリー。ローストしたピスタチオペーストを使用することにより、ナッツの風味と存在感を出し、*キルシュで風味を増幅させた。しっとりマカロン、コクのあるブリュレ、生クリームのさわやかな味が融合する。

　器は全てリモージュのベルナルドという優雅なラインナップ、紅茶は伝統あるダマン・フレールという豪華で落ち着いたサロンだ。

サロン・ド・テ・ベルナルド
住所…大阪市北区中之島 5-3-68
リーガロイヤルホテルB1F
最寄駅…京阪中之島線中之島駅直結
電話…06-6448-8858（直通）
営業時間…11:00～20:00（19:00LO）
＊イートイン有り（34席）
休日…無し
駐車場…有り（840台）
URL:http://www.rihga.co.jp/osaka/restaurant/list/bernardaud/

ザ パーク／イチゴのショートケーキ

ブレない味が老舗ホテルの心意気

ケーキセット（イチゴのショートケーキ）1,732円

5階まである開放的な吹き抜け、一面の窓から陽光が入る明るいサロンは居心地満点。老舗ホテルの味とサービスを受け継ぐホテルだけあって、ケーキはお気に入りの定番ものと決めている常連客が多い。イチゴのショートケーキは、季節によってイチゴの産地が違うが、その味の差を砂糖や洋酒のバランスを変えて微妙な調整を施している。

基本に忠実に作られたケーキは、イチゴ、クリーム、スポンジのトータルバランスが最上級。生クリームの脂肪分は42％と高めだが、その分コクがあり、しかも軽い口当たりはさすがだ。甘さ控えめの生クリームとしっかりした果肉で酸味があるイチゴとがよく合う。

ザ パーク
住所…大阪市北区天満橋1-8-50
帝国ホテル大阪1F
最寄駅…JR環状線桜ノ宮駅西出口
電話…06-6881-1111（代表）
営業時間…平日11:00〜20:00（土日祝9:00〜20:00）
＊イートイン有り（119席）
休日…無し
駐車場…有り（500台）
URL:http://www.imperialhotel.co.jp/j/osaka/

メランジュビス／ミルフィーユ

パイとフルーツの贅沢なプレート

デザートセット 1,200円　＊ミルフィーユ単品900円

駅直結の便利な場所にあるカフェは、明るくて落ち着いた雰囲気が、幅広い年代のお客さんに愛されている。

焼いたパイに砂糖を乗せて2度焼きすることで、甘味とパリッと感が強く残る。サクサクとした食感は、持ち帰る間に微妙に変化するので、店で食べるのが一番美味しい。香ばしいパイにソフトな甘味のカスタードクリーム、そして新鮮なフルーツ、自家製アイスクリームと盛りだくさんなプレートだ。ジューシーなフルーツに、カスタードをからめると、その優しい味に思わず頬がゆるむ。カスタードの濃い黄色は、信州・清里の特別な卵を使っているから。コーヒーは日本で最初に炭火焙煎をした神戸の萩原珈琲、紅茶は特撰茶葉のオリジナルブレンドなどとドリンクも厳選している。

メランジュビス
住所…豊中市新千里東町1-1-1オトカリテ2F
最寄駅…北大阪急行南北線千里中央駅直結
電話…06-6873-8288
営業時間…10:00〜20:00（金土21:00）
＊イートイン有り（40席）
休日…オトカリテに準ずる
駐車場…有り
URL:http://www.melange1991.com

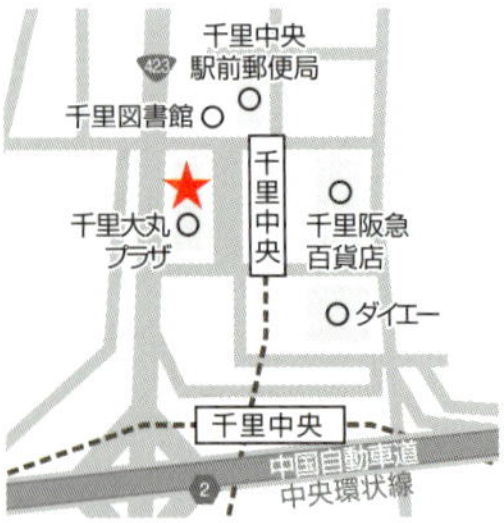

大阪発
心をくすぐる
スイーツたち

大阪市

菓匠あさだ 上新庄店／焼りんご餅

爽やかなリンゴと白餡が好相性

蜂蜜に二晩じっくり漬け込んだ青森産ジョナゴールドをフレッシュバターで焼き上げ、あっさりとした白餡でくるみ、さらにふわふわの羽二重餅で包む。リンゴのシャキシャキとした食感と爽やかな酸味が白餡と絶妙に混ざり合い、すっきりとしたあと口のよさを生み出している。素材にも妥協を許さず、もち米は契約農家から取り寄せる「雪姫羽二重」、使用する水にもこだわるという徹底ぶり。『款《かん》』と名付けられたフルーツ餅のシリーズもあり、こちらはイチゴやメロン、マンゴーなど素材そのままのフレッシュな味が存分に楽しめる。

焼りんご餅 273円　＊お取り寄せ可

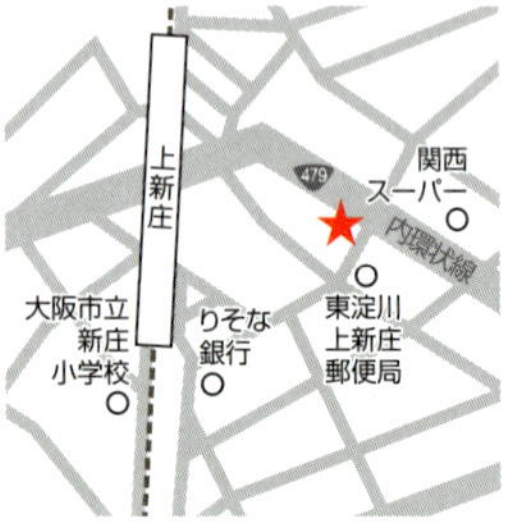

菓匠あさだ 上新庄店
住所…大阪市東淀川区瑞光1-15-22
最寄駅…阪急京都本線上新庄駅南出口
電話…06-6160-6008
営業時間…9:00〜19:00
＊イートイン無し
休日…元日
駐車場…無し
URL：http://k-asada.jp/

大阪市

ヴェール／千舟《ちぶね》ロール

上品な甘さのしっとりロール

玉子がたっぷり入ったスポンジは、蜂蜜入りでしっとりとした口当たり。くるまれているのはこのスポンジのコクを引き立てるような、ソフトな味と香りの生クリーム。クリームの中心にあるのは味のアクセントで、キャラメルとイチゴの2種類があり、生キャラメルは優しい甘さ、イチゴは旬の時季のあまおうを＊コンフィチュールにした甘ずっぱい味だ。手作りだから、作る量は限られるが、そのソフトな味は印象に残る。

開業から27年、女性オーナーパティシエが率いる明るい店は、電車から見える「ここはケーキ屋さん」という大看板が目じるし。

千舟ロール 各1,260円

ヴェール
住所…大阪市西淀川区佃3-1-7
最寄駅…阪神本線千船駅1番出口
電話…06-6471-2458
営業時間…10:00〜20:00
＊イートイン有り（12席）
休日…火曜
駐車場…無し
URL:http://homepage3.nifty.com/vert/cake.html

大阪市

手作りケーキ工房ガロ／レディーバード

ぷるるん、イチゴミルク味

スポンジの上にフレッシュイチゴのジュレとミルク味のババロアを重ね、フランス産のホワイトチョコでコーティング。ひんやりツルリンとした舌触りが心地よく、ババロアが溶けると同時にイチゴミルクの味が口の中一杯に広がり、懐かしい練乳の甘さがお母さんの優しさをイメージさせる。

世界各地で幸せのシンボルとして親しまれているてんとう虫＝レディバードのトッピングも愛らしい。ふんわりとこころ安らぐ味の組み合わせに、老若男女を問わずファンが多いケーキだ。

レディーバード 336円

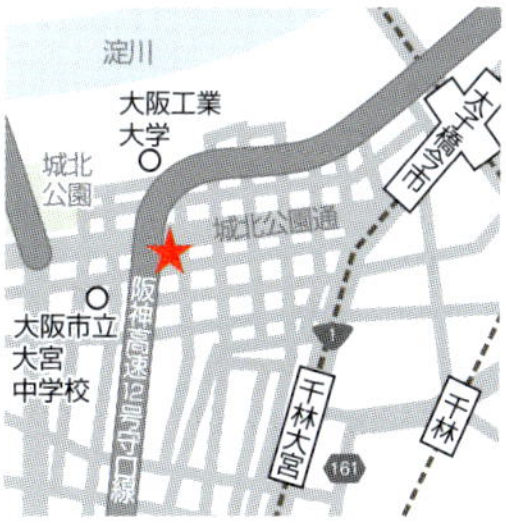

手作りケーキ工房ガロ
住所…大阪市旭区中宮4-15-6
最寄駅…地下鉄谷町線太子橋今市駅5番出口
TEL…06-6956-3737
営業時間…10:00～21:00
＊イートイン無し
休日…無し
駐車場…無し
URL/http://www.cake-garo.com/

大阪市

ケーキハウス アルモンド 昭和町駅前店／あべのシューロール

あべの生まれの絶品ロール

生クリームとカスタードクリーム、そしてシュー生地。ケーキ作りに欠かせないこの三つのコラボで新感覚のロールケーキを作ろう。そんな、シェフの好奇心から誕生した『あべのシューロール』。しっとりシュー生地でふんわりスポンジを包み込み、シューとスポンジの間には隠し味のカスタードクリーム。4種をブレンドした北海道産生クリームの優しい甘さも利いている。親しみやすいネーミングからも、手軽なご当地ロールとして幅広い層から人気の看板商品。オープンキッチンの明るい店内には、手土産に最適な焼き菓子も豊富に揃っている。

あべのシューロール 1,050円

ケーキハウス アルモンド 昭和町駅前店
住所…大阪市阿倍野区昭和町1-21-1
最寄駅…地下鉄御堂筋線昭和町駅3番出口
電話…06-6629-2492
営業時間…9:00～22:00
＊イートイン無し
休日…無し
駐車場…無し
URL:http://www.cake-almond.com/

大阪市

パティスリー アルモンド 本店／ふわふわロール

生地へのこだわりに脱帽

ふわふわと口溶けの良いスポンジ。記憶に残る空気感のヒミツは、たっぷりのメレンゲ。卵白の泡立て具合によって、生地の食感やきめの細かさが驚くほど変わってくるのだそう。ひと口食べると、名前通りのふわふわ感に納得。シェフのアイデアで入れたプリンとの相性も絶妙で、じわじわと口コミで人気が広がった。手軽な価格と食べやすさから、近隣はもちろん、遠方から足を運ぶファンも多い。サクサク香ばしいマロンパイや自家製餡子を使った特製もなかなど、焼き菓子類も豊富。プチギフトにもおすすめだ。

ふわふわロール 1,050円　＊お取り寄せ可

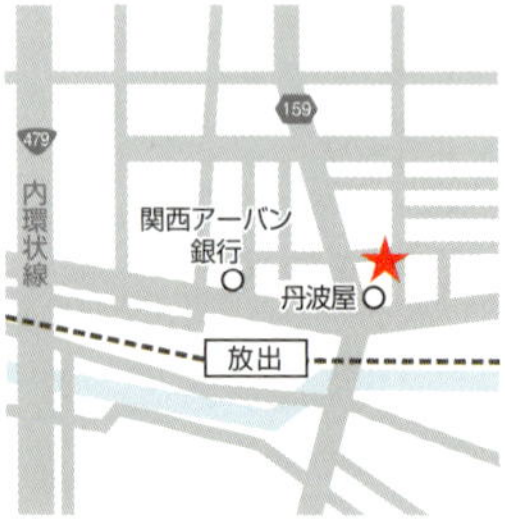

パティスリー アルモンド 本店
住所…大阪市鶴見区放出東3-32-7
最寄駅…JR学研都市線放出駅北出口
電話…06-6961-6645
営業時間…9:00〜21:00
＊イートイン無し
休日…水曜（祝日の場合は営業）
駐車場…無し
URL:http://www.almond-hanaten.com/

大阪市

谷町スイーツ倶楽部 K&R／谷町プリン

４種類の定番プリン

オープン当時、定番と呼ばれる商品を作りたいと考案されたのがこのプリン。一過性のものではなく、末永く愛されるようにくせをなくして万人受けを目指した。天然のバニラビーンズがたっぷり入った濃厚な『極』の他、子どもも大喜びの『ショコラ』、キャラメルのほろ苦さがくせになる『生キャラメル』に『抹茶』と、４種類が並ぶ。当初の思惑通り、ホワイトデーやイベントの日には製造可能な４００個が昼過ぎには完売するという人気の看板商品に。とろ〜りなめらかなプリンは、ふと思い出してまた食べたくなる優しい味わいだ。

谷町プリン 260円〜　＊お取り寄せ可

谷町スイーツ倶楽部K&R
住所…大阪市中央区谷町5丁目6-32 優越ビル1F
最寄駅…地下鉄谷町線谷町六丁目駅5番出口
電話…06-6762-5006
営業時間…10:00〜20:00（土祝19:00）
＊イートイン無し
休日…日曜、第2月曜　　駐車場…無し
URL:http://www.tanimachi-kandr.sakura.ne.jp/

大阪市

ふんわりシュワシュワ!の口溶け

りくろーおじさんの店 なんば本店／焼きたてチーズケーキ

　商店街に焼き上がりを知らせる鐘の音が鳴り響き、一つひとつお客さんの目の前で「りくろーおじさん」の焼き印が押されてゆく。きめ細かいふわふわの『焼きたてチーズケーキ』は販売開始から30年近く経ち、いまや大阪を代表するケーキの一つに。デンマーク産のクリームチーズならではの豊かな風味は冷蔵庫で冷やすとより一層濃厚になり、また違った美味しさが楽しめる。底に敷かれたカリフォルニアレーズンもポイント。自社でふっくら炊き上げ、どこをカットしても食べられるように手作業でまんべんなく並べられている。

焼きたてチーズケーキ 630円　＊お取り寄せ可

りくろーおじさんの店 なんば本店
住所…大阪市中央区難波3-2-15
高島屋前南海通入口
最寄駅…地下鉄・南海各線なんば駅、近鉄各線大阪難波駅
電話…0120-57-2132
営業時間…9:30〜21:30
＊イートイン無し
休日…不定休　　駐車場…無し
URL:http://www.rikuro.co.jp/

大阪市

素材にこだわった優しい味

ももの木／和三盆プリン

　どこかなつかしい雰囲気が感じられる桃谷駅前商店街。地域の人々から親しまれている「ももの木」の自信作は、コロンとした瓶が可愛い『和三盆プリン』。厳選された和三盆*と産地直送の新鮮な卵をたっぷり使うことで、とろ〜りなめらかな食感を実現した。カラメルソースにも和三盆を贅沢に使い、ほんのりブランデーを利かせることによってすっきりしたあと味に仕上がっている。口いっぱいに広がる優しい甘さに魅せられ、毎日通うファンもいる。同じく材料にこだわった『和三盆ロール』(1，100円)も人気だ。どちらも夕方には売り切れることもあるのでお早目に。

和三盆プリン 260円　＊お取り寄せ可

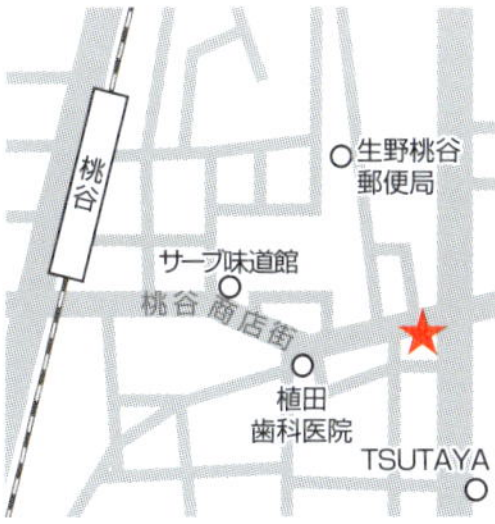

ももの木
住所…大阪市生野区勝山北1-7-3
最寄駅…大阪環状線桃谷駅正面出口
電話…06-6718-1208
営業時間…10:00〜20:30
＊イートイン無し
休日…不定休
駐車場…無し
URL：http://www.kansaisweets.com/momonoki/

大阪市

パティスリー・ガレット／ひらのサブレ

妙なる食感、斬新なフレーバー

大阪市・平野の杭全神社は300年の歴史を誇る夏祭り、「平野だんじり祭り」で有名だ。平野9町のだんじりにちなんで、9種類のフレーバーを展開した『ひらのサブレ』は黒ゴマ、きな粉などの和素材に加え、ブラックペッパーやバジルなど、お菓子には珍しい素材も。程よい甘さの軽やかな生地だからこそ、パンチの効いたフレーバーが生きてくるのだ。穀物飼料のみで飼育された鶏卵を使用するのは、卵特有の生臭さをお菓子に与えないための配慮だ。サクッサクッと心地よい食感とともに、重なりあった素材の深い香味が押し寄せる。

ひらのサブレ 80円　＊お取り寄せ可

パティスリー・ガレット
住所…大阪市平野区平野本町5-14-17
最寄駅…地下鉄谷町線平野駅4番出口
電話…06-6796-6686
営業時間…9:30～20:00
＊イートインなし
休日…月曜
駐車場…有り（2台）

大阪市

ポアール 帝塚山本店／マルメロン 厳選メロンのソルベ

まるごと1個という贅沢さ

1969（昭和44）年、ポアール誕生以来ずっと帝塚山マダムに愛されてきた逸品『マルメロン』は、「果物本来の魅力を余す所なく伝えたい」というグランシェフの想いが原点だ。たしかな審美眼で選ばれた完熟メロン。その果肉を全て手作業で丁寧にくり抜き、芳醇な香りの果汁と上質な生クリームを使い、*グラシエの手によって*ソルベへと進化させる。そっとスプーンを入れると、高貴なメロンの香りと優しい甘さ。驚くほどスッキリとしたあと味も実に心地よい。見た目のインパクトと、洒落の利いたネーミングも親しみやすい。

マルメロン 厳選メロンのソルベ 5,250円　＊お取り寄せ可

ポアール 帝塚山本店
住所…大阪市阿倍野区帝塚山1-6-16
最寄駅…阪堺電気軌道上町線姫松電停
電話…06-6623-1101
営業時間…9:00～22:00
＊イートイン有り（24席）
休日…無し
駐車場…有り（6台）
URL：http://www.poire.co.jp/

大阪市

フォルマ帝塚山／帝塚山フロマージュ

万人に好まれるチーズケーキ

1987（昭和62）年創業のチーズケーキ専門店。チーズの木箱を模したパッケージでも有名だ。『帝塚山フロマージュ』はあっさりとくせのないクリームチーズで、子どもから大人まで万人に好まれる味を目指して開発した。クラッカーを砕いて型に敷き詰め、その上にクリームチーズ、卵、バター、生クリームと粉を合わせた生地を流して焼く。粉は極めて少量のつなぎ程度に抑えられ、しっとりとした舌触りはまるでチーズそのもの。底のクラッカーは生地から出る水分を受け止め、懐かしい味がする。生クリームがチーズの酸味をまろやかにし、コクを引き上げる。

帝塚山フロマージュ 1,575円　＊お取り寄せ可

フォルマ帝塚山
住所…大阪市阿倍野区帝塚山1-6-25
最寄駅…阪堺電気軌道上町線姫松電停
電話…0120-71-4177
営業時間…9:30～21:00（カフェ10:00～21:00、レストラン12:00～22:00 21:00LO）
＊イートイン有り（1Fカフェ22席、2Fレストラン68席）
休日…無し　　駐車場…有り（5台）
URL：http://www.forma-cake.jp/

大阪市

パティシエ コーイチ 久太郎店／チョコレートケーキハナ

二つの味がまろやかに広がるチョコ

アーモンドビスキュイ*が4層になったチョコレートケーキは、生チョコレートのような繊細な味で、グラン・マニエのオレンジ風味がほのかに漂うなか、ビターなチョコからスイートなチョコに味が移り変わる。

チョコレートは主にベルギー産とフランス産を使って、手作りする。手作りだから作れる量には限界があるが、生クリームが入ったチョコレートは、新鮮なうちに食べる方が美味しい。そんな理屈を知っている口の肥えたお客さんが、会社遣いに活用する。オフィス街にある店は上品な味のスイーツにファンが多い。

チョコレートケーキハナ 473円

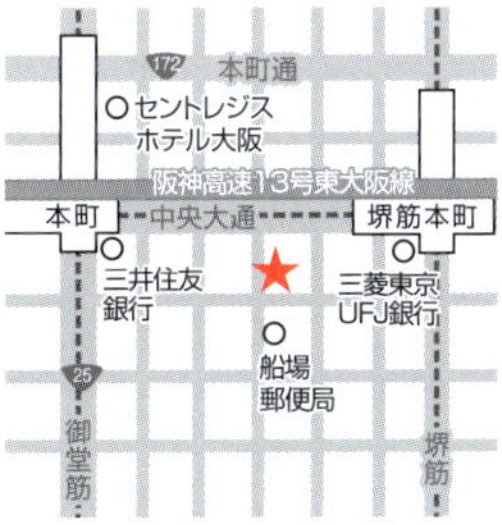

パティシエ コーイチ 久太郎店
住所…大阪市中央区久太郎町2-5-18
最寄駅…地下鉄各線本町駅11番出口、堺筋本町駅11番出口
電話…06-6251-2351
営業時間…8:00～20:00
＊イートイン無し
休日…日曜
駐車場…無し

大阪市

BROADHURST'S／マンボ
見た目も味も、ニコちゃん♪

店内は遊び心たっぷりの、ポップで可愛い焼き菓子でいっぱいだ。オーナーのブロードハースト・ピーター・ジョンさんはイギリス人。英国王室御用達の店で修業を積んだ一流のパティシエだ。『マンボ』はニコちゃんマークをほどこした同店の看板商品。マンゴーのムースの真ん中にミルクチョコレートのブリュレが仕込まれている。粗く粉砕されたカカオ豆が入ったマドレーヌが敷かれ、食感のアクセントになっている。マンゴー特有の濃厚な味とチョコレートがピタリと合い、さっぱりとしたトロピカルフルーツの酸味がカカオの風味を増幅させる。

マンボ 470円

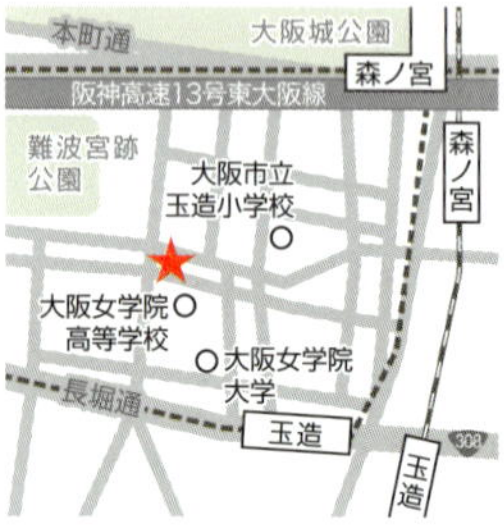

BROADHURST'S（ブロードハースト）
住所…大阪市中央区玉造2-25-12
最寄駅…地下鉄長堀鶴見緑地線玉造駅1番出口
電話…06-6762-0009
営業時間…10:00～20:00（19:00LO）
＊イートイン有り（14席）
休日…月曜（祝日の場合は翌火曜）
駐車場…無し
URL:http://www.broadhursts.com/

大阪市

パティスリー ラ・プラージュ／ピスタチオ・フレーズ
ピスタチオと苺のマリアージュ

2004（平成16）年のオープン時には「本場パリ仕込みのエクレアが大阪に登場！」と話題になった。本場のフランス菓子中心の店でありながら、気取りのない、優しい佇まいは、オーナーシェフの林正人さん人柄そのものだ。『ピスタチオ・フレーズ』はピスタチオのババロアと、*ビスキュイショコラ、イチゴのムースを重ねたもの。ピスタチオのクリーミーな香りはカカオの苦味をまろやかに包み込み、イチゴの爽やかな酸味が全体の味を引締めている。ムースの水分をしっかりとビスキュイが受け止め、ちょうど良いバランスとなり、あと味さっぱりのケーキだ。

ピスタチオ・フレーズ 450円

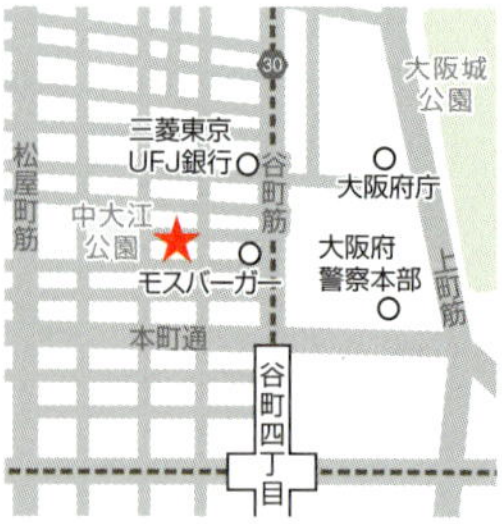

パティスリー ラ・プラージュ
住所…大阪市中央区北新町3-7 1F
最寄駅…地下鉄各線谷町四丁目駅4番出口
電話…06-6949-3938
営業時間…10:00～19:00
＊イートイン無し
休日…月曜
駐車場…無し
URL:http://www.patisserielaplage.com

大阪市

TIKAL by Cacao en Masse／Premium Bitter

香り豊かな大人のケーキ

世界遺産にも登録されているマヤのピラミッド群をイメージした、ハイクオリティーなチョコレート専門店「TIKAL」を代表するケーキ。ビターな*ガナッシュがイギリススタイルのさらりとしたキャラメルチョコスポンジと響き合い、上品な口溶けにうっとりする。カカオの風味を際立たせた甘過ぎないあと味に仕上がっているため男性にも人気。ショップは築80年のモダンなビルの1階にあり、向いのバーではお酒と一緒に楽しめるスイーツとして提供され、人気を集めている。トリュフのように少しずつ崩しながら、チョコレートの真髄をゆっくり味わおう。

Premium Bitter 520円

TIKAL　by Cacao en Masse
（ティカール バイ カカオマス）
住所…大阪市中央区伏見町3-3-3 芝川ビル1F
最寄駅…地下鉄御堂筋線・京阪本線淀屋橋駅11番出口
電話…06-6232-0144
営業時間…11:30〜19:00（土日祝18:00）
＊イートイン無し
休日…月曜　駐車場…有り（3台／有料）
URL：http://www.broadhursts.com/

大阪市

レ・グーテ／メレンゲ

可愛くっても本格派！

卵白と砂糖で焼くサクサクのメレンゲ菓子を、ポップなお店のコンセプトに合わせてカラフルでキュートなものに。ライム、ユズ、カシス、*オランジュ、フランボワーズ、それぞれのフルーツの味がしっかり出るように特殊な乾燥卵白を使用し、果汁でメレンゲを立てる。見た目の可愛らしさだけでなく、「ちゃんと美味しい」のが魅力だ。特にココナッツパウダーを使用した『メレンゲココ』は、珈琲や紅茶のお供にぴったり。色とりどりの華やかさと、サクッとかじったあと、シュワっと口の中で溶けてしまう食感になんだかワクワクするお菓子だ。

メレンゲ 各60円（メレンゲココ 50円）、550円（10個入）　＊お取り寄せ可

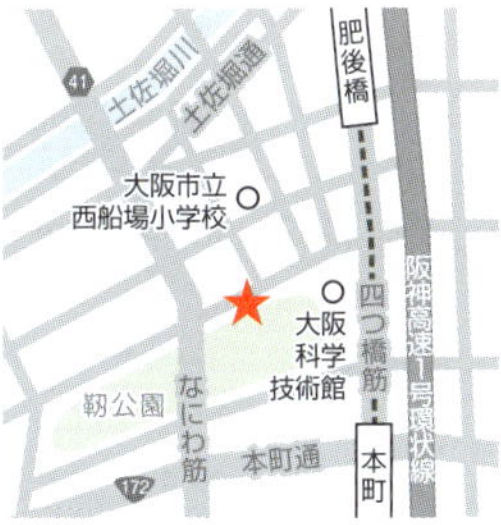

レ・グーテ
住所…大阪市西区京掘町1-14-28
UTSUBO+2
最寄駅…地下鉄四つ橋線肥後橋7番出口
電話…06-6147-2721
営業時間…10:00〜20:00
＊イートイン無し
休日…月曜
駐車場…無し
URL:http://les-gouters.com/

大阪市

パティスリー ラヴィルリエ／パリ・ブレスト・アロンジェ

自家製プラリネ香り高く

パリブレストは19世紀、自転車ラリーの大会にちなんで作られたお菓子だ。オリジナルはリング型だが、オーナーシェフの服部勧央さんは棒状に成型する。この作るにも、食べるにも効率の良い形状はフランスでも良く見かける。シュー生地を、サックリとした食感を出すために芯までしっかりと焼きこむ。間に挟む*プラリネは自家製だ。ボリューム感たっぷりのクリームは膨らんだシュー生地の間にスッポリと吸い込まれて、生地の小麦の素朴な香りとナッツのフレッシュな青い香りが競い合い高めあう。

パリ・ブレスト・アロンジェ 420円

パティスリー ラヴィルリエ
住所…大阪市北区山崎町5-13
最寄駅…地下鉄谷町線中崎町駅1番出口
電話…06-6313-3688
営業時間…11:00〜20:00
イートイン…有り(4席)
休日…火曜・水曜
駐車場…無し

大阪市

パティスリー ルシェルシェ／デリス・オ・ピスターシュ

織りなす層の多彩な味

スイーツ激戦区、堀江の新しい顔は本格派のフランス菓子店だ。オーナーシェフの村田さんが初めてフランス菓子に出合ったのは20歳のとき。「子どもの頃から本物の味に触れてほしい」と、ファミリー層の多いエリアに店を出した。見た目にも美しい8層からなるケーキ『デリス・オ・ピスターシュ』。重くなりがちなピスタチオの生地を軽くするため、コーンスターチを使用している。さらにメレンゲで口溶けを良くし、ピスタチオのクリームにもメレンゲを加えた。間にはさんだ赤い果実特有の爽やかな酸味のジュレで、あっさりとキレの良いあと味のスイーツに仕上げている。

デリス・オ・ピスターシュ 441円

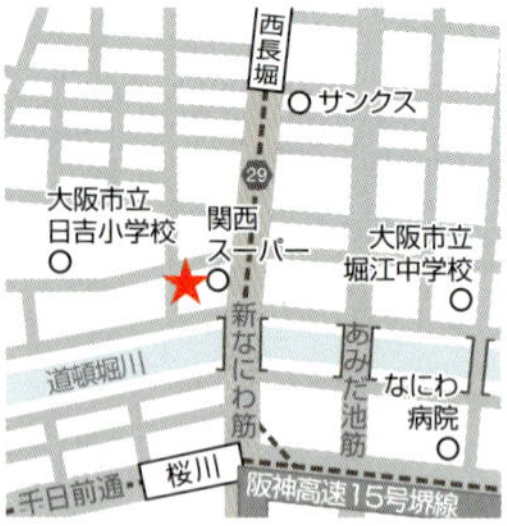

パティスリー ルシェルシェ
住所…大阪市西区南堀江4-5 B101
最寄駅…阪神なんば線桜川駅2番出口
電話…06-6535-0870
営業時間…10:00〜19:00
＊イートイン無し
休日…火曜
駐車場…無し

acidracines／ラクテ
ショコラの魅力ぎっしり

*ビスキュイ生地に*フォンダンショコラ、*ガナッシュフランボワーズを重ね、舌の上で弾けるムースショコラで包み込み、さらに*グラサージュショコラでコーティングし、繊細なブラックショコラで飾り付けた、まさにチョコレートづくしのケーキ。カカオの香りが引き立つように低温で作られるガナッシュクリームは、フランボワーズの爽やかな酸味をアクセントに。厳選した様々な種類のチョコレートを使い分けた6つのパーツが、重みのある力強さを見事に演出している。チョコレート好きであれば1度は食べてみたい、とっておきのケーキだ。

ラクテ 480円

acidracines（アシッドラシーヌ）
住所…大阪市中央区内平野町1-4-6
最寄駅…地下鉄谷町線・京阪各線天満橋駅4番出口
電話…06-7165-3495
営業時間…11:00～20:00
＊イートイン無し
休日…水曜・木曜
駐車場…無し
URL:http://www.acidracines.com/

出入橋きんつば屋／きんつば
気軽なおやつに優しい味

一面ずつ衣をつけて鉄板の上に置くと、ジュッという音とともに甘い香りが立ちのぼる。店主の白石さんが、両手を使ってリズミカルに焼き上げていく『きんつば』。衣は小麦粉を水で溶いただけのシンプルなもので、分量は計らず「混ぜたときの感覚で薄めに」しているそう。この薄い衣が、十勝産小豆のしっかりした味を引き立て、焼きたては皮がふわふわで、優しい甘さの餡が心地よい。あっさりした味のせいか男性客がとても多く、手土産に10個、20個と買うついでに、「今食べたいから別に2個包んで」という声も聞こえる。

きんつば 100円　＊イートインは300円（3個）

出入橋きんつば屋
住所…大阪市北区堂島3-4-10
最寄駅…JR環状線・阪神本線福島駅、JR東西線新福島駅1番出口
電話…06-6451-3819
営業時間…10:00～19:00（土18:00）
＊イートイン有り（18席）
休日…日曜・祝日
駐車場…無し

大阪市

鶴屋八幡／百楽《ひゃくらく》

餡と薄皮の見事な調和に舌鼓

季節を問わず帰省や商売の挨拶は、この「鶴屋八幡」のもなか『百楽』に限ると言う人は多い。粒餡は、大粒の国産大納言小豆を丁寧に炊き込んで味を整え、デリケートな小豆をつぶさないように気を配る。手間をかけた粒餡は、割ったときに現れるその光沢が特長だ。

ひと口、ふた口と進むに連れて、薄めの皮のソフトな味が丁寧に炊き上げた粒餡になじんで、もなか全体の旨みを引き立てるのがわかる。

昔から変わらない、いや変えない味には、「古くからのお客さんがびっくりしないように」という老舗らしい優しい理由もあるようだ。

百楽 189円、1,260円（6個入）　＊お取り寄せ可

鶴屋八幡
住所…大阪市中央区今橋4-4-9
最寄駅…地下鉄御堂筋線・京阪本線淀屋橋駅9番出口
電話…06-6203-7281
営業時間…8:30～19:00（土日祝17:00）
＊イートイン有り（31席）
休日…無し（喫茶のみ土曜・日曜・祝日）
駐車場…無し
URL:http://www.turuyahatiman.co.jp/

大阪市

髙岡福信／本わらび餅

はじける弾力に自然の力を感じる

季節の和菓子は心をなごませ、身体に英気を与えてくれる。暑い季節ならなんといっても、口当たりが良くて滋養があるこの『本わらび餅』だ。わらびの根茎から取れる本物のわらび粉を使っているため、見た目も味も、よくあるわらび餅風のものとは大きく異なる。しっとりと黒光りするわらび餅に、きな粉と和三宝糖をふりかけて口に運ぶと、弾力のある食感、わらびの風味、そして和三宝糖のソフトな味が広がる。

「味のごまかしはできません」と17代目として老舗の技術を受け継いでいる店主の髙岡さんは、厳選した素材で毎日丁寧に作り続けている。

本わらび餅 1,522円

髙岡福信
住所…大阪市中央区道修町4-5-23
最寄駅…地下鉄御堂筋線・京阪本線淀屋橋駅13番出口
電話…06-6231-4753
営業時間…9:30～19:30
＊イートイン無し
休日…日曜・祝日、土曜不定休
駐車場…無し

大阪市

菊寿堂義信／高麗餅《こうらいもち》

5種類の餡の個性が光る

創業は天保元（1830）年。小さな表札だけの店だが、訪れる人が後を絶たない。手でぎゅっと握った素朴な形をした『高麗餅』は、しっかりした求肥の餅を5種類の餡が包む。白のこし餡は、白小豆を使ったソフトな味、粒餡は大ぶりの*丹波大納言小豆のしっかりとした味が楽しめる。こし餡は備中小豆の濃い味が特徴だ。抹茶のこし餡は、上質な抹茶の渋みと香りが生きている。一番香りが高いのはゴマ付き白こし餡で、新鮮なゴマの濃厚な味と芳しさがたまらない。「作りたてが美味しいですよ」の声につられて、一服のお茶とともにひとときを楽しむ。

高麗餅 650円（1皿）

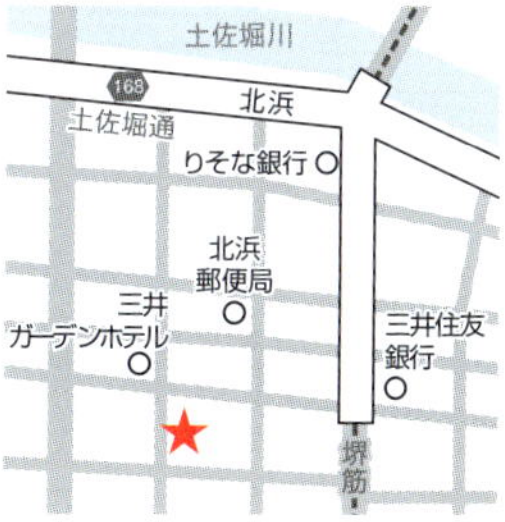

菊寿堂義信
住所…大阪市中央区高麗橋2-3-1
最寄駅…地下鉄堺筋線・京阪本線北浜駅6番出口
電話…06-6231-3814
営業時間…10:00～16:30
＊イートイン有り（12席）
休日…土曜・日曜・祝日
駐車場…無し

大阪市

浪芳庵《なみよしあん》／わらびまん

独特のこしは手作りの証

1858（安政5）年創業。道頓堀に架けられた橋の名を冠した店「浪芳庵」。『わらびまん』は6代目社長の井上文孝さんがデパートでの勤務経験を元に開発した、手土産に最適な持ち歩きやすい和菓子だ。しっかりしたこしのあるわらび餅の中に、やわらかいこし餡がたっぷり入ったお饅頭で、別添えのきな粉は香ばしく、抹茶はほんのりと苦味が利いている。わらび餅は昔ながらの製法で職人が直火の銅鍋で丁寧に練り上げて作ることにより、絶妙の食感が生まれる。桶に入ったパッケージについ手が伸びる。

わらびまん 840円（10個入）

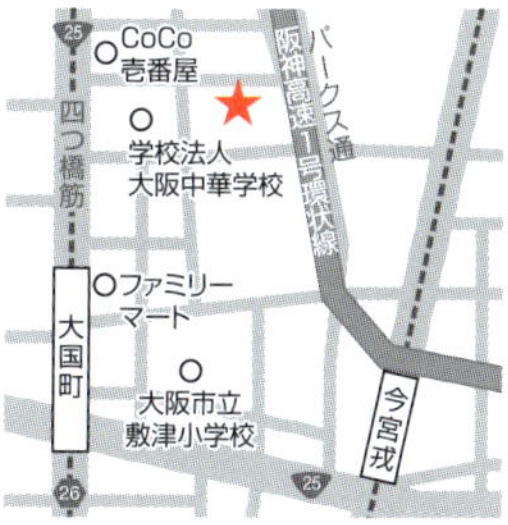

浪芳庵
住所…大阪市浪速区敷津東1-7-31
最寄駅…地下鉄各線大国町駅1番出口
電話…06-6641-1351
営業時間…10:00～18:30（イートイン18:15 LO）
＊イートイン有り（14席）
休日…1月1日～3日
駐車場…有り（4台）

堺市

フランシーズ／たまらん

人気店が放った大阪の新名物

フロマージュで大人気を博したフランシーズが、美味しい大阪名物を作りたいと打ち出したのが『たまらん』シリーズ。『たま卵チーズ』は、卵をたっぷり使ったふわふわ食感のプチ・チーズケーキ。チーズが苦手な人でも食べられるようにとレシピを工夫している。素朴な味と形ながら、焼きたての美味しさが口の中にふわりと広がり、スッと消える口溶けがたまらない『たま卵マドレイヌ』。『たま卵ラスク』は、素材を独自の配合で焼き上げたカリカリの逸品だ。「自分の家族に食べさせても安心なように」と、素材を厳選している。

たま卵チーズ 1,050円（8個入）　＊本店ではお取り寄せのみ（新大阪駅売店、たま卵本舗なんば店で購入可）

フランシーズ
住所…堺市中区深井水池町3254
最寄駅…泉北高速鉄道深井駅1番出口
電話…0120-656-567
営業時間…9:00～20:00
＊イートイン無し
休日…火曜
駐車場…有り（120台）
URL:http://www.franchise1998.com/

堺市

マリ・エ・ファム／マリエロール

一日限定の幸せな新鮮スイーツ

一日本数限定の『マリエロール』は、この上なくきめ細かいスポンジが至福の口当たり。試行錯誤の末に生クリームに最も合うスポンジを完成させ、甘さ控えめのクリームとともに丁寧に巻き上げた。「その日に手作りしたものを、その日に食べるのが一番美味しい」というシェフの思いがたっぷりと注ぎ込まれた、ここでしか買えないフレッシュな味だ。同じく人気の『生マシュマロ』は、カシスやマンゴーなどの果汁をメレンゲと生クリームで閉じ込めた新食感のスイーツ。果物のフレッシュな香りと自然な甘味が、弾力ある歯応えとともに口の中に広がる。

マリエロール（右）630円、生マシュマロ 480円（9個入）

マリ・エ・ファム
住所…堺市南区泉田中105-1
最寄駅…泉北高速鉄道栂・美木多駅
電話…072-296-7810
営業時間…9:00～20:00
＊イートイン無し
休日…水曜
駐車場…無し

堺市

天神餅／天神餅

雪のような口溶けが上品

卵白を加えて練り上げる雪平餅と、香り高くほっくりとした粒餡が、品の良い甘みを奏でる逸品。素朴な味わいが広がったあとの、泡雪のような口溶けの良さがたまらない。味の秘密は厳選された素材にある。餅生地には滋賀県産の羽二重餅粉を使用し、コシがありながらもきめ細かくなめらかな舌触りに仕上げた。中の餡には、十勝産の大粒小豆を使用し、風味と香りを一段と引き立たせている。『天神餅』の名前は近くの菅原神社に由来し、1952年の創業以来、長く愛されている。和洋菓子店で修業した店主が発案する『生チョコもち』など和スイーツも人気だ。

天神餅 110円　＊お取り寄せ可

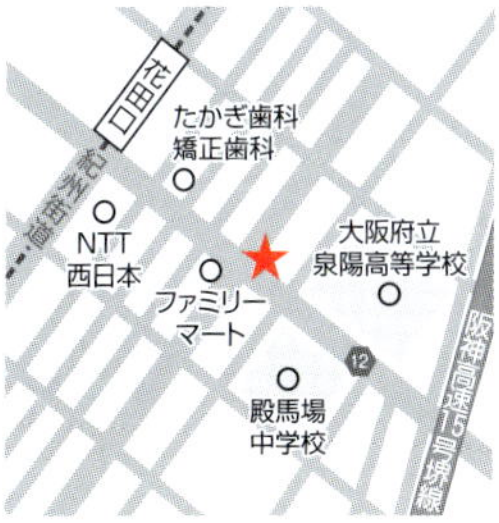

天神餅
住所…堺市堺区車之町東3-1-1
最寄駅…阪堺電気軌道阪堺線花田口電停
電話…072-233-0987
営業時間…9:00～19:30（日祝19:00）
＊イートイン無し
休日…月曜
駐車場…有り（1台）
URL:http://www.kansaisweets.com/tenjinmochi/

吹田市

パティスリー・シロ・デラブル／かえで

甘く芳しいメイプルの風味を堪能

仏語で「メイプルシロップ」の意味を持つ店名。その名を象徴するマドレーヌ『かえで』は、袋を開けると、ふわっと芳しいメイプルシロップの香りが漂う。こんがり焼けた表面、そしてふんわり、しっとりした生地から、メイプルシロップのコクのある甘みが広がる。使っているのは、カナダ・ケベック州で採取されたカエデの樹液を、新鮮なうちに煮詰めて顆粒にした上質なメイプルシュガー。その風味が引き立つように微妙に焼き加減を調整している。「好きな素材だから厳選しました。少し温めて食べても美味しいですよ」とオーナーパティシエの浅田さん。

かえで 158円、893円（5個入）、1,733円（10個入）　＊お取り寄せ可

パティスリー・シロ・デラブル
住所…吹田市江の木町5-3 レーベンハウス江坂1F
最寄駅…地下鉄御堂筋線江坂駅8番出口
電話…06-6387-3715
営業時間…10:00～20:00
＊イートイン無し
休日…不定休
駐車場…無し
URL:http://www.s-derable.com/

吹田市

らふれーず／きんつばロール
和と洋が絶妙にコラボ

本格的なきんつばを、甘さ控えめの軽い生クリームとしっとりふわふわのスポンジで巻き上げた和洋コラボのロールケーキ。シェフ自らが和菓子屋に学び、試行錯誤の末に作り上げたきんつばは、ケーキ全体の優しい食感や甘味を損なわないよう、皮はやわらかく、餡は甘さを抑え目に仕上げられている。小豆は北海道十勝産のもの、アクセントに丹波の黒豆を使用。小豆の風味と和の繊細な甘味、生クリームのコク、スポンジの優しい食感が絶妙のバランスを生み出している、コーヒーにも緑茶にも合う個性的な一品だ。

きんつばロール 1,000円

らふれーず
住所…吹田市垂水町1-2-21
最寄駅…阪急千里線豊津駅
電話…06-6388-9970
営業時間…9:30〜21:00
*イートイン無し
休日…無し
駐車場…無し
URL:http://www.s-lafraise.com/

吹田市

メランジュ／プラザチーズケーキ
大阪万博の年からのロングセラー

1970（昭和45）年からホテルプラザで出されていたチーズケーキを、同ホテルが閉館した翌日からメニューに加えた。三枝シェフが恩師の味を復活させたものだが、このケーキは職人の技術が試されるケーキでもある。生地に使うメレンゲの合わせ方や焼き加減が難しく、作れるスタッフは限られてくる。しかし上質な素材の持ち味を生かした味、しっとりした焼き上がりは、変わらぬ人気を誇っているのだ。生地の底にはアクセントのレーズンが。懐かしい味を求める人や、ソフトな甘さが今風だと好む人など、幅広い世代に愛されている。

プラザチーズケーキ 380円（カット）、1,300円（ホール）　*お取り寄せ可

メランジュ
住所…吹田市山手町3-9-13
最寄駅…阪急千里線関大前駅
電話…06-6337-1730
営業時間…10:00〜19:00
*イートイン有り（14席）
休日…火曜不定休（祝日の場合は営業）
駐車場…無し
URL:http://www.melange1991.com

吹田市

お菓子の工房 サントノーレー／フィナンシェ

技ありの軽い口当たり

その形が金塊に似ていることから、「金融屋」という意味を持つフィナンシェ。その名の通り、艶やかな焼き上がりが美しいサントノーレーのフィナンシェは、特有のしっとり感と焦がしバターの深いコクに加え、ふんわりとした軽い口当たりが印象的だ。その理由を尋ねると、特殊なレシピや材料を使うわけではなく、「ただ丁寧に生地がしっかりと空気を抱くように混ぜるだけ」だと店主の恵良さん。本格的なお菓子を気軽に楽しんでもらいたいという願いから、高い原材料に頼るのではなく、真面目に丁寧に作ることでそれを叶えようとしているのだ。

フィナンシェ 189円　＊お取り寄せ可

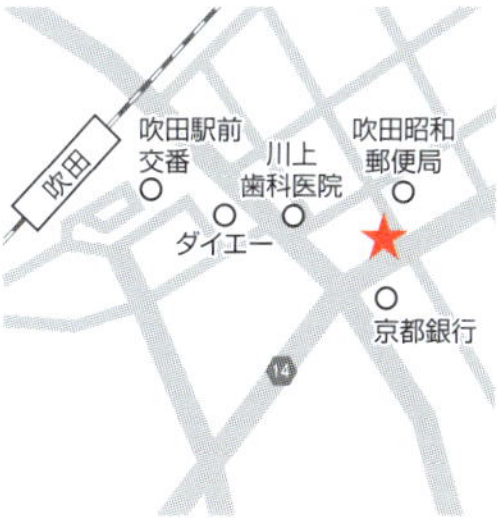

お菓子の工房 サントノーレー
住所…吹田市昭和町13-16 グランシャリオ1F
最寄駅…JR京都線吹田駅南出口
電話…06-6383-1441
営業時間…10:00～21:00
＊イートイン無し
休日…月曜
駐車場…無し

吹田市

パティスリー ナツロウ／パウンドケーキ チョコチップバナナ

バナナの風味がぎゅっと凝縮

ナイフを入れるとふわっと広がるバナナの香り。加工品ではなく、生の完熟バナナを使用することで、芳醇な香りと濃厚だが飽きのこない甘味を引き出すことができる。加えて、チョコチップのビターな風味と食感が味に変化と奥行きを作り出している。

生地はカトルカール[*]の王道配合がベースだが、程よくしっとりと仕上げるため、卵は天然のエサで育った鶏で、卵黄の濃い「さくら美人」を使用。粉はきれいに混ざりふっくらと仕上がる最高級の「特宝笠」。素朴な甘さの三温糖を使うなど、徹底した材料へのこだわりがポイント。

パウンドケーキ チョコチップバナナ 683円　＊お取り寄せ可

パティスリー ナツロウ
住所…吹田市桃山台5-2-1
最寄駅…北大阪急行桃山台駅
電話…06-6832-7260
営業時間…10:30～20:30（カフェ20:00LO）
＊イートイン有り（14席）
休日…不定休
駐車場…無し
URL:http://www.natsuro.jp/

高槻市

幸せ感じるしっとりふんわり

パティシエ コウタロウ／幸せのリング

子どもからお年寄りまでに幅広く喜んでもらえる手土産を、と開発された焼きドーナツ。時間がたっても変わらないしっとり優しい食感は、シェフの試行錯誤の末に生まれたもの。その秘密は粉や卵黄、生クリーム、*アーモンドプードル、油脂などの材料を、11種類ある商品それぞれに最適なレシピで配合することにある。色とりどりで見ているだけでも幸せになれる品揃えは、プレーン、ショコラ、抹茶、メープル、きなこ、チョコチップ、アールグレー、レモン、オレンジ、イチゴ、マンゴー。それぞれに風味が際立ち、個性的な味わいとなっている。

幸せのリング 各189円　＊お取り寄せ可

パティシエ コウタロウ
住所…高槻市土室町9-5
最寄駅…JR京都線摂津富田駅北出口
電話…072-697-3131
営業時間…10:00～20:00
＊イートイン有り（12席）
休日…不定休
駐車場…有り（11台）
URL:http://kotaro2001.com/

守口市

パティスリー ブルボン／西郷通りのなめらかプリン

クリーミィでリッチなプリン

「プリンは素材がシンプルでごまかせないから、意外と難しいんです」と語る山田シェフ。店には常連のファンも多い昔ながらのプリンが既にあったが、一味違った新しいプリンを開発するため、3カ月以上試作を重ねた。北海道産のノンホモ牛乳、栄養価の高い四国の赤卵など素材にこだわり、気温の変化による湯煎の温度にも気遣いながら低温でじっくり焼き上げる。コクのある風味づくりに一役買っているのは隠し味のメイプルシュガーと原乳の旨みだ。空き瓶は1本20円、または5本でクッキーシュー1個と交換という気さくな心配りも嬉しい。

西郷通りのなめらかプリン 250円

パティスリー ブルボン
住所…守口市西郷通2-6-14
最寄駅…京阪本線守口市駅東改札
電話…06-6998-7310
営業時間…9:00～20:00（イートイン19:30LO）
＊イートイン有り（8席）
休日…水曜
駐車場…無し
URL:http://www.kansaisweets.com/bourbon/

守口市

パティスリー ビスキュイ・ルレ／ベークドチーズ

もっちり濃厚チーズケーキ

大阪の有名ホテルで経験を積んだオーナーパティシエが、数ある焼菓子の中で最も得意とする『ベークドチーズ』。配合や焼き加減などブラッシュアップを重ねて、現在の形になったという。オープン記念のプレゼントとしてお客さんに配ったところ、リピーターが続出して定番の人気商品に。水分量・酸味ともに合格ラインをクリアしたオーストラリア産のクリームチーズと卵、生クリームをたっぷり入れて、粉は少なめにするのがしっとりとしたもちもちの食感を生み出す秘訣。くせになる美味しさで、幅広い世代から愛される逸品だ。

ベークドチーズ 178円

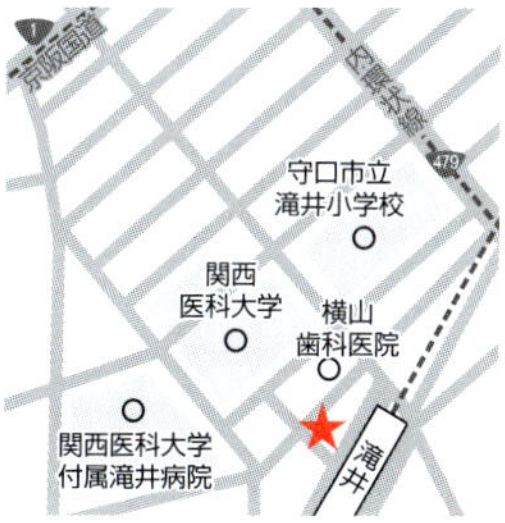

パティスリー ビスキュイ・ルレ
住所…守口市紅屋町3-10
最寄駅…京阪本線滝井駅西出口
電話…06-6993-0146
営業時間…10:00～20:00
＊イートイン無し
休日…月曜
駐車場…無し

東大阪市

シェ・アオタニ 石切本店／石切ふわり

ふんわり軽やかな極上ブッセ

シンプルながら記憶に残る味わいの『プレーン』と、小豆の甘さにほっこりする『抹茶』。ひと口食べるごとに、その名の通りのふわふわの口溶けに思わず頬がゆるむ。国産小麦粉や有精卵はじめ、素材にとことんこだわることで生まれた「ここでしか味わえない特別な食感」に魅了され、連日多くのファンが訪れる。パティシエとして腕をふるいながら、茶道など「和」の世界も大好きだという青谷代表。毎朝じっくり炊き上げる自家製小豆を使った和スイーツも並ぶ店内は、明るく活気あふれる空間。天気の良い日には、緑に囲まれたテラス席でのんびりお茶を楽しみたい。

石切ふわり 168円（抹茶 189円）、882円（5個）、1,785円（10個）
＊お取り寄せ可

シェ・アオタニ 石切本店
住所…東大阪市西石切町1-5-37ベルデ石切1F
最寄駅…近鉄けいはんな線新石切駅5番出口
電話…072-982-7546
営業時間…10:00～20:00
＊イートイン有り（26席）
休日…不定休
駐車場…有り（15台）
URL:http://www.chez-aotani.net/

東大阪市

アン・スタージュ サタケ／イチジクのデコレーション

特別な日を彩るデコレーション

女性に人気のイチジクが主役の豪華なデコレーション。時期ごとに一番美味しい品種を吟味し、砂糖とリキュールに一晩じっくり漬け込む。このひと手間によって、イチジクが驚くほどマイルドに食べやすくなるのだ。まるで雪のように舌の上で溶けてゆくふわふわスポンジと、ビター&ホワイトの自家製チョコとの相性も絶妙。他にも、ジャパンケーキショーでグランプリを受賞した『ポワールキャラメル』など、デコレーションケーキは23種類と圧巻のラインナップ。「大切な日のお手伝いをすることが幸せ」そんな佐竹シェフの心意気が感じられる。

イチジクのデコレーション（15cm）3,500円　＊3日前までに要予約

アン・スタージュ サタケ
住所…東大阪市西堤学園町1-1-29
最寄駅…近鉄奈良線河内小阪駅
電話…06-6618-9086
営業時間…10:00～19:00
＊イートイン無し
休日…月曜
駐車場…有り（2台）
URL:http://www.un-stage-satake.jp/

枚方市

patisserie Carillon／北海道チーズズコット

優しい口溶けがくせになる

シフォンケーキのような軽く優しい舌触りと、チーズケーキの深いコクを持ち合わせたドーム型のスフレ。甘さも控えめで口に入れるとシュワっとほどけて消えてしまうほどあっさりとしているので、ドームまるごと一つを一人で食べきってしまう人も多い。その秘密はメレンゲを壊さないように混ぜる丁寧な仕事と、北海道産の濃厚なクリームチーズにある。また、あと味に広がる甘い風味はかくし味のラム酒だ。伝統的な技術に加えた独自のアレンジで、洗練された商品を生み出す若いシェフならではの逸品だ。

北海道チーズズコット 630円（S）、1,050円（M）

patisserie Carillon
（パティスリー カリオン）
住所…枚方市香里ヶ丘3-11-1
最寄駅…京阪本線香里園駅から
京阪バス香里ヶ丘3丁目下車
電話…072-854-0555
営業時間…9:30～19:30
＊イートイン無し
休日…不定休
駐車場…最寄コインパーキング割引有り

茨木市

キャリエールヒデトワ／フルーツジュレ

果実そのままの美味しさを封印

新鮮な果実を*ピューレにし、無駄なものを添加せず、素材の美味しさをそのまま閉じ込めたフレッシュなジュレ。命とも言える様々なフルーツは、常に同じ産地から仕入れるのではなく、その時々に最もいい状態で入るものを国内外から厳選している。さらに、それらをより新鮮なまま閉じ込めるため、「手早く短時間で仕上げることを心掛けている」とシェフの宮崎さんは語る。ぶどう、チェリー、りんご、ラ・フランス、パイナップル、マンゴー、白桃、オレンジの8種類。なめらかなのどごしがくせになる美味しさだ。

フルーツジュレ 各330円　＊お取り寄せ可

キャリエールヒデトワ
住所…茨木市真砂1-10-11
最寄駅…阪急京都線南茨木駅2番出口
電話…072-638-5298
営業時間…10:00〜20:00
＊イートイン無し
休日…不定休
駐車場…無し

八尾市

パティシエ オカダ／オカダプレート

人気スイーツが一皿に大集合

お店の人気商品4種を盛り込んだ『オカダプレート』。目を引くのは、季節ごとに変わるロールケーキ。夏に登場する『宮崎完熟マンゴーのシフォンロール』は、農家直送マンゴーを使った贅沢な仕上がりで、地元出身の有名芸能人もご贔屓とか。また、容器ごとオーブンに入れる瓶焼きプリンは、トロトロのミルキーな食感。マダガスカルバニラを使ったアイスクリーム、開店当初から人気のシュークリームのプチバージョンなど、自慢のスイーツが盛りだくさん。入り組んだ住宅街にある同店が「わざわざ来てくれる方のために」と考案したお得なプレートだ。

オカダプレート 630円　※オカダプレート注文でドリンク半額

パティシエ オカダ
住所…八尾市八尾木北2-16
最寄駅…近鉄大阪線高安駅
電話…072-924-6001
営業時間…10:00〜20:00（19:30LO）
＊イートイン有り（24席）
休日…火曜
駐車場…有り（32台）
URL:http://www.p-okada.com/

八尾市

モン・ナポレオン／クルル
クリームたっぷりのクルクルパイ

くるくると巻いた円筒状のパイの中に、新鮮な玉子と生クリームを使ったカスタードがあふれるほどたっぷり。発酵バターを使ったパイのサクサク感と、フレッシュでコクのあるカスタードの甘みが、幸せな気分になる味を運んでくれる。クリームの水分でパイの食感が損なわれないよう、注文があってからパイの中にカスタードをイン。夕方には売り切れるほどの人気ぶりだ。40年以上続く職人技でハイクオリティな手作り洋菓子を作る傍ら、「お小遣いで食べられるお菓子を提供したかった」と『クルル』を考案。冬期にはチョコクリーム入りも登場する。

クルル 130円

モン・ナポレオン
住所…八尾市山本南1-11-22
最寄駅…近鉄大阪線河内山本駅2番出口
電話…072-997-1248
営業時間…10:00～20:00
＊イートイン無し
休日…1月1日～3日
駐車場…有り（4台）

寝屋川市

パティスリー パレット／バームクーヘン
ふんわり爽やかバウム

専用のオーブンで1本ずつ丁寧に焼き上げるバームクーヘン。火を通し過ぎないように、バーから生地が落ちないギリギリのところでじっくり焼くため、しっとりと落ち着いた中に軽やかな食感が広がる。大量生産ができず、熟練したスタッフが掛かりきりになるため手間も時間も費やすが、なによりも品質を重視し美味しさを追及する姿勢を貫き通す。ふんわりとしたレモンのフレーバーが口の中に広がり、あっさりとした食後感で幅広いお客さんに人気があるのも納得だ。季節ごとにチョコレートや抹茶、紅茶など様々な種類が小サイズで楽しめる。

バームクーヘン 1,050円（小）、2,100円（中）、3,150円（大）

パティスリー パレット
住所…寝屋川市東大利町10-7
最寄駅…京阪本線寝屋川市駅南改札
電話…072-801-0550
営業時間…10:00～20:00
＊イートイン無し
休日…無し
駐車場…無し

箕面市

誰にも真似できないチーズケーキ

デリチュース／デリチュース

「チーズケーキはどこにでもあるからこそ、どこにもないものを作りたかった」というシェフの言葉通り、ひと口食べると忘れられないほど、濃厚で個性的な至極の逸品。その秘密は、フランスから取り寄せ、国内で独自に熟成させたチーズの王様「ブリー・ド・モー」にある。何百種類ものチーズで試み、さらに香り、味ともにベストな熟成状態を探し当て、その独特のくせを味方につけたのだ。ベークドとは思えないなめらかな口溶け、程よくくせのある濃厚なチーズと甘酸っぱい杏ジャムとのバランスがたまらない。

デリチュース 1,500円（小）、2,300円（中）、3,500円（大）

デリチュース
住所…箕面市小野原西6-14-22
最寄駅…阪急千里線北千里駅
電話…072-729-1222
営業時間…10:00〜20:00
＊イートイン有り（20席）
休日…火曜、第1・3月曜
駐車場…有り（35台）
URL:http://www.delicius.jp/

柏原市

濃厚でさわやかなフランス菓子

ブランシェタカギ／マルキーズ

酸味を抑えたレアチーズとふんわりスポンジを、たっぷりとガナッシュ*で包み込んだチョコレート系ケーキ。フォークを入れると現れる真っ白なレアチーズは、このお菓子のためだけに作られたさっぱりとしたテイスト。濃厚なガナッシュとのバランスが見事だ。

東京の菓子店で修業したパティシエが、1975（昭和50）年大阪にお店を開いた直後に考え出したのがこの『マルキーズ』。一つのケーキの中に異なった味が同居し、彩り豊かなハーモニーを醸し出すフランス菓子の遺伝子を受け継いでいる。

マルキーズ 350円

ブランシェタカギ
住所…柏原市国分西1-2-26
最寄駅…近鉄大阪線河内国分駅西出口
電話…072-977-0387
営業時間…9:00〜20:45
＊イートイン有り（72席）
休日…元日
駐車場…有り（3台）
URL:http://www.buranshie-takagi.com

羽曳野市

パティスリーバロン／プティシュークリーム
頬張って食べたいプティスイーツ

羽曳野産のイチジクを使うなど、地元に愛される店を目指すパティスリーバロン。一番人気の『プティシュークリーム』は、ひと口サイズより少し大きめなので、お口を開けて頬張れる満足感がある。薄くやわらかく、そして風味豊かに焼き上げられた皮から、たっぷり詰め込まれたクリームがトロリ。味わい深いカスタードクリームと、ミルク感たっぷりの生クリームをブレンドしているので、しっかりとした味わいがあるのに、あと味がさわやかで優しい口溶けだ。北海道産のバターや生クリームを使い、「日本人の口に合う味」を大切にしている点もうれしい。

プティシュークリーム 63円

パティスリーバロン
住所…羽曳野市南恵我之荘8-1-3
最寄駅…近鉄南大阪線恵我之荘駅2番出口
電話…072-953-8800
営業時間…8:00～20:00
イートイン…有り（20席）
休日…無し
駐車場…有り（5台）
URL:http://patisserie-baron.com/

東大阪市

ルジャンドル／ソレイユ
チーズとバウムの甘酸っぱい融合

発酵バターを使って香りとコクをもたせたハードバウムクーヘンは、自社で焼いたもの。この自家製バウムを使った新しいスイーツ『ソレイユ』は、2013（平成25）年6月に発売が開始された。

焼き上げたバウムを輪切りにして、真ん中にチーズケーキのタネを流しこんで再び焼く。チーズケーキはしっとり、バウムは2度焼きによってこんがりと仕上がる。カリッと香ばしいバウムとマイルドな甘酸っぱいチーズの風味、北海道・十勝産のチーズのコクが特徴だ。併設のサロン・ド・テとともに、駅前にある便利使いのできる店だ。

ソレイユ 1,600円　＊お取り寄せ可

ルジャンドル
住所…東大阪市下小阪2-14-10 1F
最寄駅…近鉄奈良線八戸ノ里駅1番出口
電話…06-6723-2562
営業時間…9:00～21:00
＊イートイン有り（46席）
休日…無し
駐車場…有り（3台）
URL:http://www.legendre.jp/

東大阪市

創作菓子 SinSin 真心／真心（SinSin）ロール

厳選素材に真心を込めて

『真心ロール』の少しオレンジがかったスポンジは、吉野産の赤玉卵を使っているため。この濃厚な卵に合わせるのは、純度が高くて溶けやすい与論島のきびざら糖と、富田林の養蜂場から直接買い付けた蜂蜜。別立てでしっかり立てたメレンゲによって、ふんわりしっとり焼き上がる。中にくるまれているクリームは、北海道産の純生クリームで、これに合わせるのもきびざら糖だ。コクがありながらさっぱりした味は男性ファンも多い。屋根の上に大きなケーキが乗っているのが目じるし。併設カフェではケーキセットやモーニングも楽しめる。

真心(SinSin)ロール 250円(カット)、600円(ハーフ)、1,200円(1本)

創作菓子 SinSin真心
住所…東大阪市長田西2-7-32
最寄駅…地下鉄中央線長田駅1番出口
電話…06-7504-6406
営業時間…10:00～19:00（カフェ7:30～18:00 LO）
＊イートイン有り（24席）
休日…火曜
駐車場…有り（3台）
URL:http://www.eonet.ne.jp/~sinsin-hp/

交野市

お菓子工房 新／和の森

丁寧さがにじみ出るバウムクーヘン

伝統的な定番商品だからこそ、素材と丁寧な仕事にこだわったというバウムクーヘンは、しっとりとしていながらもふわっと優しい食感。控えめな甘さは地元の養蜂場から取り寄せる蜂蜜、軽い中にあるしっかりとしたコクは京都養鶏から取り寄せる濃厚な卵、しっとりふんわりとした仕上がりは、長年様々なお店で培ってきたシェフの技術によるもの。『和の森』という名前は、地元「森北」という地を大切に、このバウムクーヘンを囲む人々の和みの風景をイメージして、思いを込めてつけられた。

和の森 980円(S)、1,575円(M)、1,890円(L)、2,940円(LL)　＊お取り寄せ可

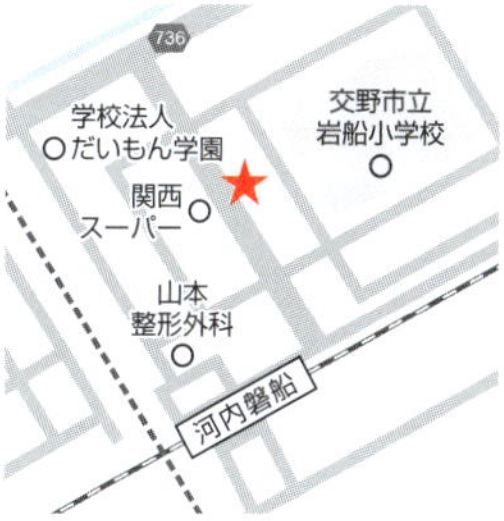

お菓子工房 新
住所…交野市森北1-17-17
最寄駅…JR学研都市線河内磐船駅1番出口
電話…072-894-1500
営業時間…9:00～20:00
＊イートイン無し
休日…水曜
駐車場…有り（2台）

ママンのおやつ HiTo／焼きドーナツ

優しく懐かしいママンの味

卵の濃い味としっかりした甘さ、ふんわりとした仕上がりはどこか懐かしく、お母さんの作る素朴なお菓子を思わせる。その実は、三温糖の10倍のミネラルを持ち、優しい味わいの沖縄産本和香糖と、卵黄が濃く品質にぶれの少ないブランド卵を使った贅沢なものだ。親しみやすいその味は、地元の子どもからお年寄りまでに愛され、交野の名物としても名を広めつつある。日持ちがよく、時間が経つにつれまぶした砂糖が定着し、違った美味しさが生まれるので、手土産としてもおすすめ。食べる直前に電子レンジで軽く温めれば卵の風味がより一層深まる。

焼きドーナツ 各150円　＊お取り寄せ可

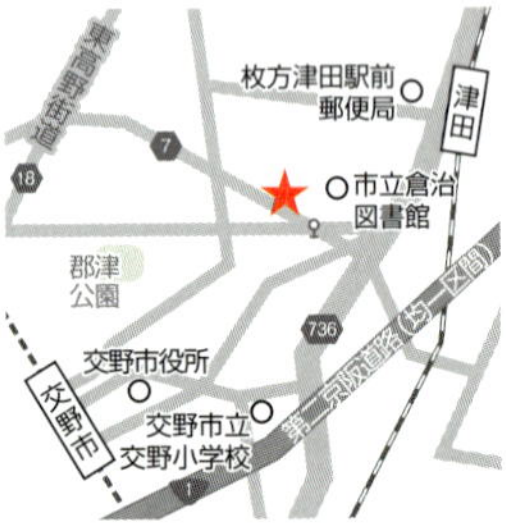

ママンのおやつ HiTo（ヒト）
住所…交野市倉治5-15-1
最寄駅…京阪交野線交野市駅1番出口、JR学研都市線津田駅より南倉治バス停下車
電話…072-810-2318
営業時間…9:00～20:00
＊イートイン無し
休日…不定休
駐車場…有り（5台）
URL:http://www.ma-man.jp/

PATISSERIE Uguis-ya／タルト・ルージュ

素敵に溶け合う4層

ルビーのように輝くストロベリーの酸味と、3種をブレンドして作るミルクの風味豊かな生クリーム、しっかりと甘いベルギー産の生チョコレートが見事に解け合うタルト。生クリームにチョコレートという重くなりそうな組み合わせだが、優しく軽く仕上がっているのにはわけがある。生クリームに脂肪分の少ない北海道産の「根釧牛乳」をブレンドし、風味を高めながらさっぱりと仕上げているからだ。長年地元に根付き、素材にも地元のものを取り入れている。お客さんの顔を見て取り組んできたからこその丁寧な仕上がりだ。

タルト・ルージュ 420円

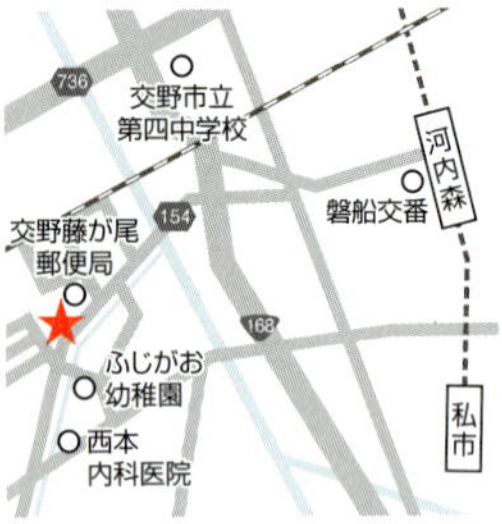

PATISSERIE Uguis-ya
（パティスリー ウグイスヤ）
住所…交野市藤が尾4-5-22
最寄駅…京阪交野線河内森駅2番出口
電話…072-891-4873
営業時間…9:00～19:30
＊イートイン有り（20席）
休日…不定休
駐車場…有り（6台）
URL:http://www.uguis-ya.com/

大阪のお菓子　歴史・雑学

室町時代・南蛮菓子が大阪に渡来

日本洋菓子史の年表に初めて「大坂」が登場するのは、室町時代のことである。カステイラ、ボーロ、ビスカウト、コンペイトウなどの南蛮菓子が持ち込まれ、1569（永禄12）年には織田信長にコンペイトウが献上されたという史実がある。当時は布教のきっかけ作りとして宣教師が民衆にお菓子をふるまう習慣があり、この頃、大阪の庶民に南蛮菓子が広まった可能性が高い。

そして、徳川綱吉の時代、1683（天和3）年、江戸・日本橋本町一丁目の桔梗屋が刊行した菓子目録に、162種類ものお菓子が掲載され、その中には「粕低羅（カステイラ）」「軽めいら（カルメイラ）」「胡麻ボウル」「金平糖」「南京飴」「琉球糖」などの外来語もあり、南蛮菓子が浸透していた事実がわかる。

徳川吉宗が洋書輸入の禁を解くと、洋学が進出した。1712（正徳2）年、大阪の医師、寺島良安が百科辞典のような『和漢三才図会』を刊行して話題となったが、その結巻にはパン並びに洋菓子数種の製法来歴を詳記している。ただし、当時は和菓子・洋菓子という概念はなく、日本の菓子として定着していた。

江戸時代、長崎に来航する唐船やオランダ船によって輸入された砂糖は、生糸などの輸入品と一緒に船で大阪に運ばれ、唐薬種問屋、砂糖荒物仲買仲間を経て、江戸をはじめとする諸国に流通した。当時の大阪は、千石船によって各藩の蔵屋敷へ年貢米が運ばれるなど「水の都」として繁栄を極め、全国の物産の集散地として「天下の台所」と呼ばれていた。このことから、良質の米や飴などが入手しやすい環境にあり、お菓子作りも発展したと想像できる。

明治時代・大阪洋菓子のはじまり

明治維新以降、欧米の菓子が数多く入ってきて、ここで洋菓子というジャンルができたと思われる。その洋菓子と区別するために、それまでの日本の菓子を和菓子と呼ぶようになったのだろう。

大阪に本格的な洋菓子文化が芽生えたの

は、1881（明治14）年のホテル兼西洋料理の店「大阪自由亭」の開設だ。大阪が開港し、外国人の居留地が生まれ、外国人の社交場、レストランとしての役割を担っていた。その後、中之島に設立された「大阪倶楽部」は外国人に限らず、財界人や食通が集まる西洋食文化の中心的存在となる。ここで本格的なデザート菓子が次々と披露された。社交倶楽部に集う洋行帰りのハイソサエティな大阪人の鋭い目と舌を満足させるため、洋菓子職人たちは内外の情報を収集し、切磋琢磨して技術を習得したのである。

博覧会で全国に名を轟かせた、大阪の洋風菓子

大阪で最初に出来た洋菓子店は1883（明治16）年東区平野町に創業した「熊野指月堂」で、陸軍にビスケットを納品していた記録が残されている。同店が1903（明治36）年に大阪天王寺で開催された「第5回国内勧業博覧会」に出品した洋風菓子の作品を見ると、彩りも美しい古典的なフランス菓子が完璧に作られ、技術力の高さがうかがえる。この会場跡地が、今の天王寺公園と新世界である。

明治末期から大正時代になると、現代に続く有名店が産声を上げた。「大阪凮月堂」「灘万」などだ。「灘万」は料亭だが、1900（明治33）年の開業翌年からパンの製造を始める。その後洋菓子の製造もスタートし、後に大阪の洋菓子界の中心メンバーとなる菓子職人を多く輩出した。また、この頃から始まった上流階級の家庭婦人向け料理教室の製菓実習や製菓本の出版も、洋菓子普及の一翼を担った。

東京から大手がやってきた大正時代以降

大正3年に勃発した第一次世界大戦により、戦争成金といわれる富裕層が生まれ、衣食住に急に欧米文化が浸透し始める。それにより洋菓子の需要も伸びた。アイスクリームが大衆化したのもこの時期である。米騒動が原因でパンも普及した。

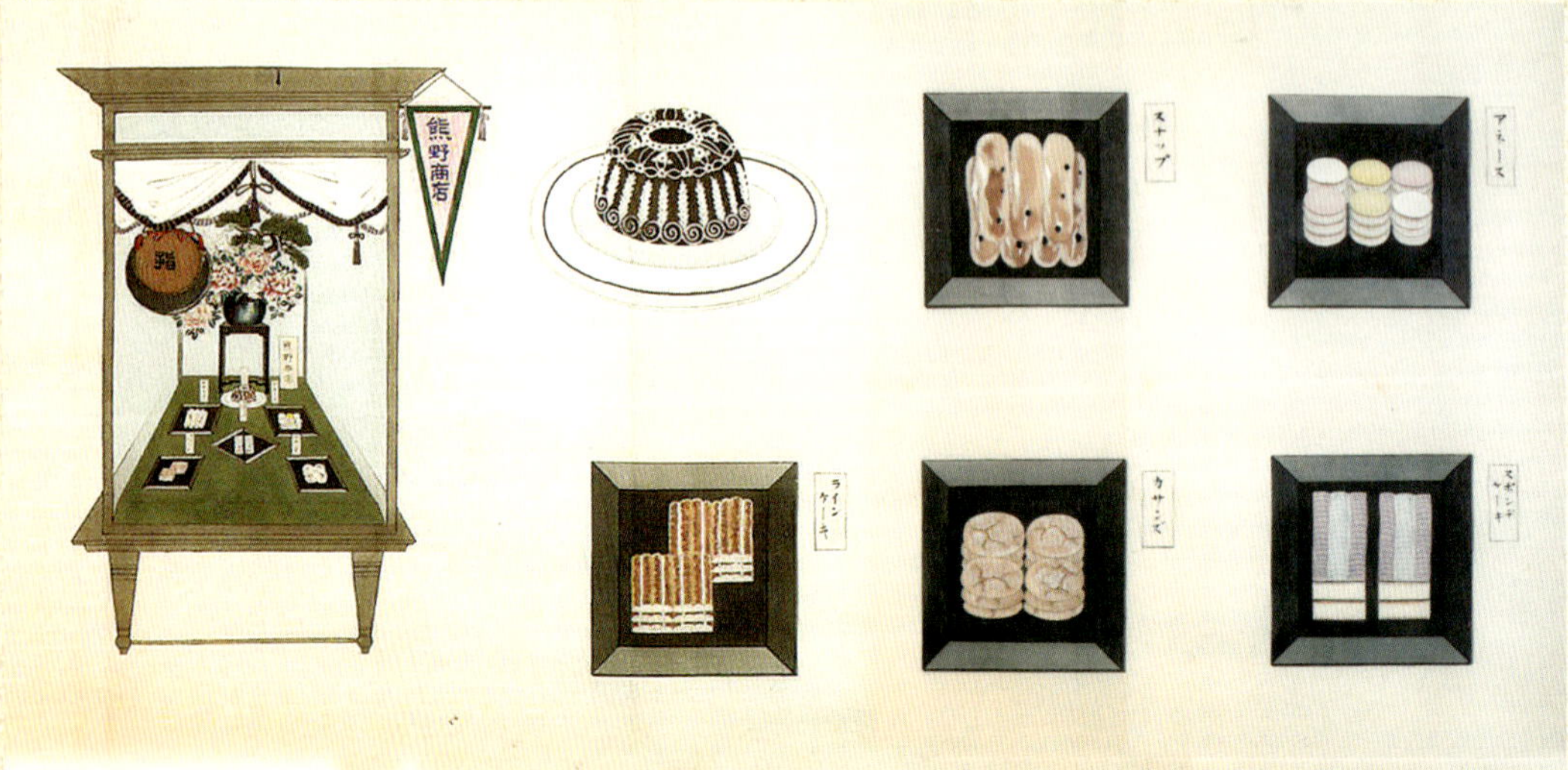

「第5回国内勧業博覧会」に出品された洋風菓子を描いた日本画／（株)丹波屋本舗蔵

東京の「資生堂」、「森永製菓」、「明治製菓」、「不二家」が相次いで大阪での製造を始めた大正時代、「江崎グリコ」が１９２１（大正10）年に大阪で創業し、栄養菓子・グリコを作り始めた。新聞広告などを積極的に利用し、キャンディやビスケット、チョコレートなどのいわゆる流通菓子が庶民に一気に広がっていった。

卸売業から始まった、大阪の洋菓子店

昭和初期、阪急や三越、大丸の直営製菓工場が設立された。前後して、前述の「大阪風月堂」や「灘万」出身の職人が独立するなどして、洋菓子店が増えた。当時の有名店は食堂やレストランの一角で洋菓子を販売していた。また、大阪の洋菓子店の大きな特徴は、職人オーナーが家族経営で小売業を営む神戸スタイルではなく、オーナーが職人を雇って製造した洋菓子を百貨店やホテル、キャバレー、ダンスホールに卸す卸売業者が大半だったことだ。キャバレーのケーキは客よりもホステスが食べ、クリスマスケーキ付きのパーティー券が既に存在していたというから商魂逞しい。また、大阪には喫茶店が非常に多くあり、そこでケーキなどの洋菓子が食べられていた。

戦後「サンドケーキ」で再出発

昭和25年、戦後の物資不足の中、自由に手に入らなかった小麦粉の代わりにでんぷん、砂糖の代わりに水あめを使った洋生菓子「サンドケーキ」を大阪府洋菓子工業共同組合が開発し、自由販売にこぎ着けた。生地にジャムをサンドしただけのシンプルなケーキだったが、忘れかけていた洋菓子の甘い記憶が大阪人に呼び起こされたに違いない。

昭和30年代、高度成長期に入ると、菓子店も好況の波に乗る。卸売業を営んでいたオーナーたちは、市内や郊外の住宅地に店を構えて販売を始めた。地元密着型店の萌芽である。ガラス製の冷蔵ショーケースが発売され、現在のような対面式の販売スタイルになったのもこの時期からである。

ホテルとの交流でレベルアップした地元密着型店

１９７０（昭和45）年、大阪万博を機にホテルプラザが開業し、パティシエがテレビの料理番組に出演して人気を博し、ホテルのお菓子が庶民の知るところとなった。１９８２（昭和57）年ホテル日航大阪、１９８４（昭和59）年大阪全日空ホテル・シェラトンなどが次々と開業し、東京から高い技術力を持ったパティシエが来阪、ハイセンスなケーキが注目を集めた。

当時、ホテルと地元密着型店のレベルには大きな差があったため、大阪府洋菓子工業共同組合は危機感をつのらせ、ホテルのパティシエを招いて講習会を開き、技術力の向上に努めた。この努力があって大阪の洋菓子は高いレベルまで引き上げられたのだ。

スイーツブームへ

地元密着型店が定着すると、次世代を担う二世たちは海外や東京の有名店で修業し、さらに高度な技術力を誇る店となり、多店舗展開をしたり、別ブランドを立ち上げたりと成長を続けた。料理業界からの転身や、ホテルからの独立など、従来の菓子店とは一線を画す、本場の味を再現した「専門店」と呼ばれる店が出現した。

また、１９７０年代から地域情報誌が相次いで発刊され、地元の情報として店舗や菓子が掲載される機会が増え、新聞広告や看板などに頼っていた広報手段に変化が生まれた。テレビ番組のチャンピオンシップでは菓子職人選手権が高視聴率をマークし、

有名になった職人たちの店が注目を集め、全国的なスイーツブームへの引き金となった。

震災の影響

１９９５（平成7）年の阪神淡路大震災以降、大阪のデパ地下は様変わりしていく。神戸で被災した洋菓子ブランドの製造体制が復旧すると、壊滅状態の神戸での販売を断念し、販路を求めて大阪へと進出してきた。より個性的な店を求めてデパートのバイヤーが神戸の地元密着型店へ出店要請を行ってきた結果でもある。元々クオリティの高い商品を作ってきた神戸の洋菓子は、そのセンスの良さもあって大阪人に受け入れられ、続々と新規参入してきた。

若手が郊外型店を目指した21世紀初頭

バブルが崩壊し、地価が下がると、交通機関の拡充とともに大阪府下全域の市町村にベッドタウンが拡大し、ニュータウンの街開きと時期を合わせて菓子店ができるケースが増えた。

郊外型の店は周辺のライフスタイルに合わせて駐車場を備え、ベビーカーでも入りやすいようにと、バリアフリー設計を積極的に取り入れるなど、若い感性と同年代のお客さんに支えられている。しかし、開発から10年、20年が経過し、小さな子どもたちが成長して、菓子の需要が減り始めた店もあると聞く。郊外の店が飽和状態となり、新しく店を出そうとしても、同業店に迷惑をかけずに店を出すスペースがないといわれる時代に入り、大阪の郊外で店を持つことが徐々に難しくなる。

正統派の店が続々オープン

そして今、新しい専門店となる正統派の店がポツポツと大阪市内に出現しはじめた。本場フランスなどで修業をし、コンテストで優秀な成績を残した敏腕シェフたちの店だ。デフレにより、市内のテナントの家賃が手が届くところにきたのも一因かもしれない。

正統派の店は激増するスイーツマニアや、本格的な欧風料理に親しんだ日本人に広く支持されている。複雑で濃厚な味が贅沢なスパイスやリキュールなどで表現され、見た目に麗しく、食べて美味しいお菓子が並ぶ。都心回帰により、大阪市内中心部（中央区、西区など）では人口が増加し、これら専門店を日常使いの地元密着店として利用するリピート客も定着している。

デパートを揺るがす「エキナカ」「エキマエ」

規制緩和、民営化などの社会情勢に菓子店も大きく影響を受けている。各交通機関の駅前や駅舎の中の一等地に、スイーツの催事販売コーナーが続々と立ち上げられた。1～2週間サイクルで店が入れ替わり、通勤客が会社帰りに色々な店の菓子を買える。

狭小な販売スペースに持ち込める菓子の種類は限定されるため、手土産に最適な売れ筋商品を送り込んでくる。大阪市内のデパートが次々と増床され、スイーツのコーナーも店舗数、アイテム数ともに激増した。しかし、何を買って帰れば良いのかわからないお父さんらにとって、充実度を増したデパートでの買い物は逆に苦痛になりつつある。絞り込んだ商品だけが並ぶ「エキナカ」「エキマエ」スイーツは心強い存在だ。

※参考文献
『日本洋菓子史』社団法人 日本洋菓子協会 昭和35年発行
『大阪洋菓子50年のあゆみ』大阪府洋菓子工業共同組合 平成10年発行

食品、菓子、その他の価格推移　【明治以降～平成初期】

品名	単位	年度								
		明治10年	明治40年	大正5年	大正15年	昭和5年	昭和21年	昭和55年	平成元年	平成9年
小麦粉	10kg		1.2円	1.5円	1.7円	2円	40円	1,600円	1,600円	1,800円
砂糖	1kg		26銭	38銭	45銭	35銭	統制品	235円	185円	170円
鶏卵	100匁	10銭	18銭	35銭	40銭	25銭	15円	310円	160円	200円
牛乳	180ｃｃ	4銭	4銭	5銭	8銭	6銭		55円	60円	36円
小豆	1升	4銭	15銭	13銭	32銭	27銭	2.2円	850円	680円	900円
洋菓子	ショートケーキ	3銭	3銭	3.5銭	5銭	6銭	1円	200円	200～350円	250～450円
カステラ	1斤			40銭	70銭	90銭	統制中止	1,200円	1,200円	1,000円
たいやき	1ケ		1銭	1銭	1.5銭	1.7銭	統制中止	80円	80円	80円
白米	10kg	51銭	1.5円	1.2円	3円	2.5円	20円	3,200円	4,200円	5,000円
ビール		16銭	20銭	30銭	42銭	35銭	6円	240円	310円	380円
コーヒー			3銭	5銭	10銭	10銭	5円	250円	280円	350円
1ドル		1円	2円	2円	2.5円	2円		227円	125円	130円
郵便	手紙	2銭	3銭	3銭	3銭	3銭	30銭	50円	60円	80円

『大阪洋菓子50年のあゆみ』より抜粋

＊相場物については年間平均値。卸値段、小売値段、等級などについては、その時代の平均価格を掲載しています。
＊明治～昭和初期については1、2年のズレがある場合もあります。
＊初期輸入、または少量生産が量産により値下がりしている場合もあります。
＊戦時中には統制品、丸公価格等あり。途中で輸入・生産・販売中止品もあります。

は

パティシエ オカダ／八尾市……135
パティシエ コウタロウ／高槻市……132
パティシエ コーイチ 久太郎店／大阪市中央区……121
パティスリー アルモンド 本店／大阪市鶴見区……118
PATISSERIE Uguis-ya／交野市……140
patisserie Carillon／枚方市……134
パティスリー・ガレット／大阪市平野区……120
パティスリー・シロ・デラブル／吹田市……129
パティスリー ナツロウ／吹田市……131
パティスリー パレット／寝屋川市……136
パティスリーバロン／羽曳野市……138
パティスリー ビスキュイ・ルレ／守口市……133
パティスリーフリアン／寝屋川市……30
パティスリー ブルボン／守口市……132
パティスリー・ミィタン／大阪市西区……50
パティスリーヤマキ／池田市……56
パティスリー ラヴィルリエ／大阪市北区……124
パティスリー ラ・プラージュ／大阪市中央区……122
パティスリーリスボン／大阪市都島区……52
パティスリー ルシェルシェ／大阪市西区……124
播彦／東大阪市……102
ハンブルグ／大阪市淀川区……58
フォルマ 帝塚山／大阪市阿倍野区……121
ヴィベール／堺市堺区……64
ヴェール／大阪市西淀川区……116
福壽堂秀信 宗右衛門町店／大阪市中央区……92
プチプランス／茨木市……71
ブランシェタカギ／柏原市……137
フランシーズ／堺市中区……128
BROADHURST'S／大阪市中央区……122
文楽せんべい本舗／大阪市生野区……104
ポアール 帝塚山本店／大阪市阿倍野区……120
ホテルニューオータニ大阪／大阪市中央区……62
本家小嶋／堺市堺区……88
本松葉屋／大阪市天王寺区……22

ま

ママンのおやつ HiTo／交野市……140
マリ・エ・ファム／堺市南区……128
マルクト スイーツデザインマーケット／大阪市中央区……53
箕面雅寮／箕面市……106
むか新／泉佐野市……82
夢操庵／大阪市北区……95
ムッシュマキノ 青の記憶／大阪市北区……76
メランジュ／吹田市……130
メランジュビス／豊中市……114
ももの木／大阪市生野区……119
モン・ナポレオン／八尾市……136

や

洋菓子工房ボストン／寝屋川市……65

ら

ラ・キャリエールプイプイ／交野市……40
らふれーず／吹田市……130
リーガロイヤルホテル グルメブティックメリッサ／大阪市北区……54
りくろーおじさんの店 なんば本店／大阪市中央区……119
ルジャンドル／東大阪市……138
ル・ピノー／大阪市西区……70
レ・グーテ／大阪市西区……123
レジェール／東大阪市……32

INDEX

あ

青木松風庵／阪南市……94
acidracines／大阪市中央区……125
ＡＮＡクラウンプラザホテル大阪／大阪市北区……41
アミエル／交野市……74
あみだ池大黒pon pon Ja pon／大阪市中央区……78
アミ・デ・クール／大阪市港区……46
アン・スタージュ サタケ／東大阪市……134
エクチュア／大阪市中央区……68
大阪糖菓／八尾市……108
お菓子工房 新／交野市……139
御菓子司 丸市菓子舗／堺市堺区……14
お菓子のアトリエなかにし／池田市……60
お菓子の工房 サントノーレー／吹田市……131

か

菓子工房 T.YOKOGAWA／和泉市……38
菓匠あさだ 上新庄店／大阪市東淀川区……116
菓匠 香月／寝屋川市……80
かん袋／堺市堺区……86
菊寿堂義信／大阪市中央区……127
きになる木リッチフィールド／大阪市北区……59
キャリエールヒデトワ／茨木市……135
ケーキハウス アルモンド 昭和町駅前店／大阪市阿倍野区……117
ケーク・ド・コーキ／大阪市天王寺区……36
ケンテル／大阪市生野区……48
五感／大阪市中央区……18

さ

サロン・ド・テ・アルション／大阪市中央区……110
サロン・ド・テ・コーイチ 真田山店／大阪市天王寺区……111
サロン・ド・テ・ベルナルド／大阪市北区……112
ザ パーク／大阪市北区……113
シェ・アオタニ 石切本店／東大阪市……133
シェ・ナカツカ／箕面市……72
シェラトン都ホテル大阪 カフェベル／大阪市天王寺区……10
シプレ／四条畷市……44
ジャンルプラン／大阪市都島区……73
ジョエル／大阪市中央区……34
住吉菓庵 喜久寿／大阪市住吉区……98
創作菓子ＳｉｎＳｉｎ 真心／東大阪市……139

た

髙岡福信／大阪市中央区……126
髙砂堂／大阪市西区……96
谷町スイーツ倶楽部K&R／大阪市中央区……118
太郎本舗／大阪市中央区……100
千鳥屋宗家／大阪市中央区……90
鶴屋八幡／大阪市中央区……126
TIKAL by Cacao en Masse／大阪市中央区……123
帝国ホテル 大阪／大阪市北区……28
出入橋きんつば屋／大阪市北区……125
手作りケーキ工房ガロ／大阪市旭区……117
デリチュース／箕面市……137
天神餅／堺市堺区……129
天王寺都ホテル／大阪市阿倍野区……42
豊下製菓／大阪市阿倍野区……107

な

なかたに亭／大阪市天王寺区……66
長﨑堂／大阪市中央区……84
浪芳庵／大阪市浪速区……127

■ Special Thanks
大阪府洋菓子協会
菓子文化研究家　平田栄三郎氏
株式会社 播彦 代表取締役　野村泰宏氏
大阪府洋菓子協会副会長　辻製菓専門学校 技術顧問　川北末一氏
放送作家　重村千恵氏

■著者プロフィール
三坂美代子
関西スイーツ代表。株式会社 CUADRO 代表取締役。
大阪府洋菓子協会オフィシャル応援団長。NPO法人神戸スイーツ学会理事。
産経新聞「関西甘味（スイーツ）図鑑」連載中。関西テレビ放送「よ～いドン! プロが教えるとっておき 本日のオススメ3」コメンテーター。
関西スイーツ　http://www.kansaisweets.com/
株式会社 CUADRO　http://www.cuadro.jp/

大阪のスイーツ 108
2013年10月19日初版第一刷発行

著者　三坂美代子
発行者　内山正之
発行所　株式会社　西日本出版社　http://www.jimotonohon.com
〒564-0044　大阪府吹田市南金田 1-8-25-402
[営業・受注センター]
〒564-0044 大阪府吹田市南金田 1-11-11-202
TEL.06-6338-3078 FAX.06-6310-7057
郵便振替口座番号　00980-4-181121
企画　株式会社 CUADRO
編集　株式会社 ウエストプラン
取材　松田きこ　山本宴子　外園佳代子
高野朋美　杉本陽子　松田志織（アシスタント）
撮影　三坂美代子…P22, P28 ～ P108　他
谷口哲…P10 ～ P25　他
篠原耕平…P109 ～ P114　他
広域地図　庄司英雄…P6, P7
デザイン　鷺草デザイン事務所
カバーデザイン　TAKI design 猪川雅仁
印刷・製本　図書印刷 株式会社

ISBN978-4-901908-83-2 C0076